数理統計学入門

稲葉 太一 著

日科技連

はじめに

1 この本の特長

この本は，**クオーター制度に対応**した講義を行うために執筆しました．このため，以下の3つの特長を持っています．

    1) **講義と対応**：各章ごとに，内容が1回90分の講義内容に対応している．
    2) **前半は理論**：1章から7章までで，統計理論の概要を理解できる．
    3) **後半は分析**：9章から15章までで，実際のデータ解析の概要を理解できる．

この本は，通常の教科書のように内容で整理した順ではありません．そこで，この本では各章末にその章で紹介された内容のまとめを記述しています．また，8章には前半のまとめとして理論的な内容を，16章には後半のまとめとしてデータ解析の概要を記述しています．

2 この本の読み方・使い方

各クオーターでの使い方としては，以下の第1案がお勧めです．これ以外に，逆の順番に講義する第2案も可能です．

	第1案（お勧め）	第2案
前半	1章から7章（＋8章）	1章，9章，11章から15章（＋16章）
後半	9章から15章（＋16章）	2章から7章，10章（＋8章）

第1案では，前半で理論，後半でデータ解析の手法が学べます．第2案では，前半に1章で概説，9章で検定の考え方，11章から15章でデータ解析の概要を学べます．後半に2章から7章で理論的な内容と10章で検定の最適性を学べます．

3 理論的な内容が理解ができるようになる！

この本は，数理統計学の基本的なデータ解析に必要な理論を，前半の7回にまとめて記述しています．前半の内容だけで，集中的に理論を学べます．

4 データ解析ができるようになる！

この本は，実際にデータを取って分析ができるようになることをめざしています．なお，実際のデータの分析は16章を読めば，手法の使い分けも記述されています．また，さらなる発展的な手法との関連も説明していますので，今後の学習の方向性がわかるようになっています．

5　大きな流れがわかる！(アスタリスクについて)

理論的な内容や，データ解析の手法において，最初に読む際に省略できる部分については，アスタリスクをつけました．アスタリスクがついた節や項，章末問題などは読み飛ばして構いません．ただし，これらの章や節で得られた性質や定理が，他の章で引用されることはあります．その理由を知りたい場合は，アスタリスクのついた部分を読んで下さい．

6　付録について

この本の末尾には，各章の章末問題の解答，記号一覧表，付表，索引を付録として収録しています．

7　謝辞

この本を執筆するにあたり，多くの方から応援して頂きました．最初に，執筆を勧めてくれた福山克司先生，内容や TeX の作業について教えてくれた阪本雄二先生には，心より感謝致します．また，妻和美はもとより私の 3 人の子供たち (拓也，哲也，真理子) には，稚拙な原稿の段階で感想を貰いました．特に，理子と数也の会話は，彼ら目線での観点を入れることができました．

なお，この本で紹介したコラムは，日本科学技術連盟，日本規格協会，医薬安全性研究会，日本版全国社会調査 (JGSS) など，多くの研究会で教えて頂いたことをまとめています．本当に，多くの方にお世話になりました．

最後に，今回の執筆，校正作業において，日科技連出版社の石田新氏には，大変，無理を聞いて頂き，誠に有難うございました．筆の遅い私を，暖かく見守って頂いたことも含めて感謝しております．

2016 年 9 月

稲葉　太一

目　次

はじめに　　iii

序章　データを分析するとは？　　1
1　データと真実の姿　　1
　1.1　母集団とは　　2
　1.2　ランダムサンプリングとは*　　2
　1.3　データの種類　　3
　1.4　1次元データの分布（ヒストグラム）*　　4
　1.5　1次元データの統計量　　6
　1.6　まとめ　　10
　章末問題1　　10

第I部　データを分析するための準備（統計理論）　　11
2　確率変数と期待値　　11
　2.1　確率とは　　11
　2.2　確率変数とは　　14
　2.3　期待値　　15
　2.4　まとめ　　17
　章末問題2　　18

3　2次元データと2次元確率変数　　19
　3.1　2次元データ（連続的な値）　　20
　3.2　離散型2次元確率変数とは　　22
　3.3　2つの確率変数における期待値　　23
　3.4　n個の確率変数の独立性とは*　　26
　3.5　まとめ　　27
　章末問題3　　28

4　連続型確率変数　　29
　4.1　仮想ルーレットの確率　　29
　4.2　連続型確率変数とは　　30
　4.3　連続型確率変数の期待値　　31
　4.4　正規分布と指数分布　　32
　4.5　2次元の連続型確率変数*　　34
　4.6　まとめ　　36
　章末問題4　　36

5 離散型確率変数 37
- 5.1 積率母関数　37
- 5.2 ベルヌーイ試行　38
- 5.3 二項分布 $B(n,p)$　39
- 5.4 ポアソン分布 $Po(\lambda)$　40
- 5.5 分布の再生性 *　41
- 5.6 多次元離散分布 *　43
- 5.7 まとめ　44
- 章末問題 5　44

6 確率変数の関数の分布 45
- 6.1 標本とは　45
- 6.2 確率変数の関数の分布 *　46
- 6.3 正規分布の性質 *　47
- 6.4 再生性のまとめ　50
- 6.5 大数の法則と中心極限定理 *　53
- 6.6 まとめ　55
- 章末問題 6　55

7 標本分布の概要 57
- 7.1 なぜ正規分布に従う理論なのか　57
- 7.2 3つの重要な分布　58
- 7.3 1つの母集団における平均値　59
- 7.4 2つの母集団における分散比 *　60
- 7.5 カイ二乗分布の性質　60
- 7.6 t 分布の性質 *　62
- 7.7 F 分布の性質 *　62
- 7.8 分位点のまとめ　62
- 7.9 まとめ　64
- 章末問題 7　64

8 前半のまとめ（統計学の理論的準備） 65
- 8.1 データと母集団　65
- 8.2 確率と確率変数　66
- 8.3 期待値，母平均，母分散　66
- 8.4 2次元データと2次元の確率変数　66
- 8.5 離散型確率変数の例　67
- 8.6 連続型確率変数の例　67
- 8.7 再生性で整理しよう　68

目　　次　　　　　　　　　　　vii

　8.8　分布理論の残された話題　69
　章末問題 8　69

第 II 部　データ解析の適用場面　　　　　　　　　　　70

9　検定とは　　　　　　　　　　　70
　9.1　鉛筆転がし実験　71
　9.2　仮説検定の枠組み　73
　9.3　有意水準と検出力の計算例　75
　9.4　仮説の立て方　77
　9.5　まとめ　78
　章末問題 9　78

10　検定の最適性　　　　　　　　　　　79
　10.1　対立仮説の選択　79
　10.2　片側検定と両側検定　80
　10.3　仮説の設定方法とは　80
　10.4　棄却域の設定方法　81
　10.5　実際の運用基準　83
　10.6　まとめ　85
　章末問題 10　85

11　1 つの母集団のデータ分析　　　　　　　　　　　86
　11.1　母平均の分析（母分散既知）　87
　11.2　母平均の分析（母分散未知）　91
　11.3　母分散の分析　94
　11.4　まとめ　97
　章末問題 11　97

12　2 つの母集団のデータ分析　　　　　　　　　　　98
　12.1　母分散の違いの分析　99
　12.2　母平均の違いの分析（等分散の場合）　103
　12.3　母平均の違いの分析（不等分散の場合）*　106
　12.4　母平均の違いの分析（対応がある場合）*　108
　12.5　まとめ　110
　章末問題 12　111

13　比率データの分析と分割表　　　　　　　　　　　112
　13.1　比率データの分析　112
　13.2　2 群の比率の違いの分析　116
　13.3　分割表　120

- 13.4 適合度検定　122
- 13.5 まとめ　124
- 章末問題 13　124

14　一元配置分散分析　125
- 14.1 3つ以上の群のデータ　125
- 14.2 平方和の分解　126
- 14.3 分散分析表による検定　128
- 14.4 投与群での母平均の推定　129
- 14.5 サンプルサイズが異なる場合の分析*　130
- 14.6 まとめ　132
- 章末問題 14　133

15　相関分析と回帰分析　134
- 15.1 相関分析　135
- 15.2 単回帰分析　137
- 15.3 最小二乗法*　142
- 15.4 まとめ　142
- 章末問題 15　143

16　この本のまとめ　144
- 16.1 計量値の勧め　144
- 16.2 分析の基本は，2群比較から　145
- 16.3 多群と多次元の違い　145
- 16.4 より複雑なモデル　146
- 16.5 比率データへの対応　147
- 16.6 手法の使い分け：ノンパラメトリック法の勧め　147
- 章末問題 16　149

おわりに（数也と理子の今後）　150
章末問題の解答　151
記号一覧表　157
付表：上側確率表　159
索引　163

序章　データを分析するとは？
第1章　データと真実の姿

──（この章のポイント）──
1) 統計学とは，データのみで客観的に，合理的に判断する方法論．
2) 調査対象（母集団）を明確に，これを反映する標本（データ）を取る．
3) データは「偏差」で見よう．偏差の和，偏差の平方和など．

──────── **理子と数也の会話** ────────
理子：なんで，**データ**を取らなあかんの？
数也：理子は，真実を，本当の姿を知りたくないのか?!
理子：…そら，本当の事がわかるんやったら嬉しいけど，ほんまにわかるん？
数也：わかる！　この講義が終わるころにはネッ！
理子：うざっ，そういうのいいから．で，何から始めるんやっけ？
数也：まずは，データは**偏差**を取るらしいよ．
理子：偏差を制するものは，データ解析を制する!!　やねっ！
数也：…（さっき，俺のこと「うざっ」ていったのに…）

　世の中には，データがあふれています．しかしなぜ，データがこんなにあふれているのでしょうか．私たちは本当のことを知りたいし，事実に基づいた，根拠のある，データに基づいた結論を出したいです．ここで大事なことは，知りたい事柄とずれているデータでは，正しい判定ができないということです．

　この章では，データのもつ**偏り（かたより）**，無作為に抽出することの大切さを学びます．そのうえで，興味の対象を**母集団**と呼び，データ $x_1, x_2, \cdots, x_n$ はここから出てくると考えます．また，データをまとめて $(x_1, x_2, \cdots, x_n)$ と考え，1つの**標本**ともいいます．私たちはこれらの得られたデータ（標本）を加工して，判断の道具とします．このとき，データを加工したものを「データの関数」と見て**統計量**と呼び，この統計量のみで客観的な結論を導きます．この方法論としての**客観性**と**合理性**が統計学の本質です（図 1.1）．

$$\text{母集団} \quad \xrightarrow{\text{無作為抽出}} \quad \text{データ（標本）} \quad \xrightarrow{\text{関数}} \quad \text{統計量}$$

図 1.1: 統計学の本質

1.1 母集団とは

ある地域の人々に関する情報のように，調査したい全体がはっきりしており，それらすべてを調査することを**全数調査**といいます．このようなときは，調査対象という考えは必要ありません．これに対して，日本の国全体の調査のように調査対象が非常に多い場合や，毎年入学してくる新入生に関する調査のように繰り返しデータが発生する場合，これらから何人かを抜き出して標本（サンプル）として調査することがあります．これを**標本調査**といいます．

標本調査を行う場合，事前に何を調べたいのかを明確にすることが重要です．そして，それら調査対象から等確率でデータを取り出してくることも大切です．この抽取方法のことを**ランダムサンプリング（無作為抽出）**といい，次節で議論します．

> **コラム 1.1 サンプリングの偏り**
>
> 例えば，平日の朝 10 時に主要なターミナル駅でアンケートを実施したとしよう．この時間帯には，大半のサラリーマンは社内にいるため駅にはいない．「平日朝 10 時の駅」という調査範囲は，調査される対象が限定されている．このように結果に影響を及ぼすような調査対象の選び方をすると，**偏り（バイアス）**があるといわれる．安易な調査では，調査対象が取りやすいデータに偏る傾向がある．この偏りを**選択バイアス**という．
>
> また，本や論文などに発表された内容には，統計的に有意である内容が多い．「とある食品を食べるとガンになりにくい」といった内容は公表されるが，「効果がなかった」という結果は公表されないという傾向があるからである．このように，出版されるものには統計的に意味があると言われる傾向のことを，**出版バイアス**という．

1.2 ランダムサンプリングとは *

母集団の情報を失うことなしに，いかにサンプリングするかは大切です．**ランダムサンプリング（無作為抽出）**という言葉があります．これは，調査対象全体のうち，すべての対象が「等確率」で選ばれることを意味します．ここでいう「確率」は，第 2 章で議論します．また，値が大きいものばかりが続いたり，小さい値の後には大きい値が出やすいなどの癖がないこと（独立性）も仮定されます．この後者の「独立性」という考え方は第 3 章で議論します．

> **コラム 1.2　サンプリング（抽出）方法のいろいろ**
> 　サンプリングには，上記で述べた「ランダムサンプリング」の他に，「2段サンプリング」や「系統サンプリング」などがある．
> 　**2段サンプリング**とは，例えば学校の全 M クラスから m クラスを選び，選ばれたクラスの N 人の中から n 人ずつ選ぶ，というように，2段階で抽出する方法である．この方法は，クラス同士に違いがなく，クラス内が均一の場合に，サイコロや乱数サイ（正20面体の各面に0から9までが2つずつ書かれたサイコロ）を用いてランダムにクラスや生徒を抽出すれば，効率よく抽出できる．しかし，習熟度別にクラス分けされた場合や，クラスから成績のよい生徒のみを抽出する場合には，偏りのある方法となる．
> 　**系統サンプリング**とは，1時間おきに1つ，というように等間隔で抽出する方法である．この方法は抜取の計画が立てやすい利点があるが，抜取間隔と同じ周期的な変動があると，調査対象（母集団）の様子を正しく反映できないという欠点がある．

> **コラム 1.3　社会調査の実際**
> 　実際の社会調査を行う際に，その調査対象を厳密に限定することは，実は，非常に難しい．日本国籍をもつ20歳以上の選挙権をもつ人全体は，選挙管理委員会が，常に，その把握に努めている．例えば，日本版全国社会調査（JGSS）では，住民基本台帳や選挙管理名簿から調査対象を抽出している．
> 　実際の社会調査では，どの市町村を選ぶか，その市町村の名簿からどのように調査対象者を特定するか，の2点が重要となる．このうち，市町村をその構成比（人口比）に応じてランダムに抽出することは，比較的容易に実現できるが，実際の名簿から複数人をランダムに抜き出すことは困難がある．というのは，提供される名簿には，① 住所表示（地番）順，② 年齢性別順，③ 名前順などの種類があり，調査範囲を狭くするには住所表示順が望ましいが，近年の調査では必ずしも実現できない．

1.3　データの種類

　データには，長さや重さ，強度のような測定されたデータと，アンケート項目に「はい」と答えた人数や，単位時間当たりの発生件数のような数えられたデータがあります．前者のように，連続的に測定されたデータを**計量値データ**といい，後者のように，個数や回数のデータを**計数値データ**といいます．他には，支持政党や学歴など，3つ以

上の選択肢から1つを選んで回答するようなデータもあります．これらは，**分類デー
タ**といわれます．なお，具体的な数値例と分析方法は，第11章以降にありますので，
例題だけをいくつか見ておくと参考になるでしょう．

1.4 1次元データの分布（ヒストグラム）*

この節では，まずデータ $(x_1, x_2, \cdots, x_n)$ の出方の概要をつかみましょう．そのた
めには，「ヒストグラム」という道具が有効です．ヒストグラムは，データの中心やば
らつき具合，右や左に歪んでいるかどうか，外れ値（1.4.2項参照）の有無などを調べ
ることができます．これらの得られる情報をまとめて「データの分布」といいます．

1.4.1 ヒストグラムの描き方

ヒストグラムはデータの振る舞いを調べることが目的ですので，最低でも30個以
上，できれば100個以上のデータを採取します．以下の手順で，分類の区切りである
境界値 $a_0 < a_1 < \cdots < a_k$ を決め，各小区間 $(a_0, a_1), (a_1, a_2), \cdots, (a_{k-1}, a_k)$ に入
るデータ数を数えて，ヒストグラムを作成します．

手順1：全データの最小値 x_{min} と最大値 x_{max} を求める．
手順2：仮の区間の数 k をスタージェスの式 $k = 1 + \log_2 n$ で求める．
　補足：スタージェスの式は，データが2倍になると階級を1つ増やす考え
手順3：データの測定単位 c_0 を求める．
　補足：測定単位とは，測定データの最小の刻み．
　　データが $30cm, 50cm, 60cm$ のときは $c_0 = 10cm$．
手順4：区間幅は $c = (x_{max} - x_{min})/k$ で求めて，測定単位 c_0 の**整数倍に丸める**．
手順5：一番下の区間の下側の境界値 a_0 を $a_0 = x_{min} - \frac{c_0}{2}$ で求める．
手順6：一番下の区間の上側の境界値 a_1 を $a_1 = a_0 + c$ で求める．
　　これ以降は $a_{i+1} = a_i + c$ の式で，データの最大値 x_{max} を含むまで続
　　ける．
手順7：各々の階級 $I_i = (a_{i-1}, a_i), i = 1, 2, \cdots, k$ に含まれるデータの個数 f_i（こ
　　れを，**度数**という）を数えて棒グラフ（ヒストグラム）を作成する．
注意：手順4で，区間幅を測定単位の整数倍にしない場合，後述する「歯抜け型」に
　　なることがある．この場合，階級幅を正しく設定し直してヒストグラムを描き
　　直す．

例題 1.1　以下のデータに対して，ヒストグラムを作成せよ．
　　データ：16, 16, 18, 18, 18, 20, 22, 24, 24, 26, 26, 26, 26, 26, 28,
　　　　　28, 28, 30, 30, 30, 32, 34, 36, 38, 38, 40, 42, 44, 46, 50

1.4　1次元データの分布（ヒストグラム）*

手順1：最小値は $x_{min} = 16$，最大値は $x_{max} = 50$ である．
手順2：データ数 $n = 30$ で，仮の区間数 $k = 1 + \log_2 30 = 5.907$ となる．
手順3：データの測定単位 $c_0 = 2$ である．
手順4：区間幅は，$c = (50 - 16)/5.907 = 5.756 \to 6$ と 2 の整数倍に丸める．
手順5：一番下の区間の下側の境界値は $a_0 = 16 - \dfrac{2}{2} = 15$ で求める．
手順6：一番下の区間の上側の境界値は $a_1 = a_0 + c = 15 + 6 = 21$ で求める．
これ以降，$a_2 = 21 + 6 = 27$，$a_3 = 33$，$a_4 = 39$，$a_5 = 45$，$a_6 = 51$ と設定する．
手順7：各度数 $f_1 = 6$，$f_2 = 8$，$f_3 = 7$，$f_4 = 4$，$f_5 = 3$，$f_6 = 2$ を図1.2に表す．

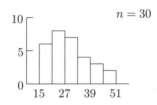

図 1.2: 作成したヒストグラム例

1.4.2　ヒストグラムの見方

実際のデータについてヒストグラムを描くと，さまざまなパターンの図が得られます．図1.3に，主なパターンを示します．

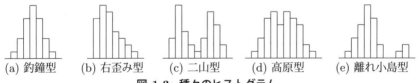

図 1.3: 種々のヒストグラム

まず，一般的なデータの場合，左右対称な (a) **釣鐘型** になります．所得金額や，魚に含まれる鉛の濃度などは右に裾（すそ）を引くデータで (b) **右歪み型** となります．平均の異なる 2 つのデータが混在する場合は (c) **二山型** となり，3 つ以上の場合には (d) **高原型** になります．この場合には原因にあたる項目で分類して分析（**層別**という）するとよいでしょう．小さい確率で外れた値（これを**外れ値**という）が出るときには (e) **離れ小島型** となります．この場合，原因を特定して再発防止策を取ることができれば，この外れ値を**異常値**と呼んでこれを除いた解析が許されますが，原因が特定でき

なかったり，原因がわかっても再発する可能性がある場合には，外れ値を含めた分析と除いた分析の両方を併記することが求められます．

ヒストグラムには，上記以外にもいくつかのパターンがあります．重要部品で全数を検査して出荷している場合，その特性値は，常にある値以上が保証されています．このような場合は，ある値以下のデータがなくなるため**絶壁型**となります．

また，**歯抜け型**といって，測定単位のミスが疑われるパターンもあります．例えば，測定単位が $2cm$ であるときに $1cm$ と誤解して，区間幅を $3cm$ とした場合で説明します．データが，$2, 2, 4, 4, 6, 6, 8, 8, 10, 10, 12, 12 (cm)$ であるとき，級の境界値は $1.5, 4.5, 7.5, 10.5, 13.5$ となり，度数は $4, 2, 4, 2$ で，ヒストグラムはガタガタと櫛の歯が抜けたようになります．このようなヒストグラムは，データの振る舞い（分布）を調べるという目的に適しません．原則として歯抜け型のヒストグラムは，測定単位のミスかどうか確認して下さい．

1.5　1次元データの統計量

母集団（興味の対象）から取られたデータを $x_1, x_2, \cdots, x_n$ とします．n 個のデータを一組に見て，$(x_1, x_2, \cdots, x_n)$ を標本といい，n を**標本の大きさ**といいます．

前節では，データの概要をヒストグラムを用いて捉える方法を紹介しました．この節では，より詳細な情報について述べます．具体的には，データから求められる量（統計量）のうち，基本的なものとして中心の値とばらつきを紹介します．

1.5.1　中心の値

中心の値にもいろいろなものがありますが，次の**標本平均（平均値）** $\bar{x}$,

$$標本平均：\bar{x} = \frac{x_1 + x_2 + \cdots + x_n}{n} = \frac{1}{n}\sum_{i=1}^{n} x_i \tag{1.1}$$

が，最も一般的です．また，データを大きさの順に並び替えた**順序統計量**を，

$$x_{(1)} \leqq x_{(2)} \leqq \cdots \leqq x_{(n)} \tag{1.2}$$

とし，この中央の順位のデータを**中央値（メジアン）**といい，$\tilde{x}$ と表します（例題1.2参照）．データ数 n の偶奇で場合分けして，

$$\tilde{x} = \begin{cases} x_{((n+1)/2)} = x_{(k)}, & n = 2k-1 \text{ のとき} \\ \frac{x_{(n/2)} + x_{(n/2+1)}}{2} = \frac{x_{(k)} + x_{(k+1)}}{2}, & n = 2k \text{ のとき} \end{cases} \tag{1.3}$$

と計算します．さらに，並べ替えた結果，同じ値が最も多い値を，**最頻値**（頻度の最大の値）といいます．

1.5 1次元データの統計量

例えば貯蓄金額のように，データの分布が右に歪んでいる場合，平均値は必ずしも全体を代表しているとはいえません．これに対して，中央値は，この値より大きい貯蓄額の人数と小さい人数が同じとなります．また，最頻値は「この辺りの金額」の人が最も多いことを表しています．このようにデータの分布によって，どの代表値を用いると良いかが変わることに注意して下さい．

例題 1.2 以下の数値に対して，標本平均（平均値），中央値，最頻値を求めよ．

データ (x_i)：$1, 2, 2, 4, 5, 5, 5, 8$

解答：標本平均 $\bar{x} = \dfrac{1+2+2+4+5+5+5+8}{8} = 4.0$,

中央値 $\tilde{x} = \dfrac{4+5}{2} = 4.5$，最頻値 $x_{mode} = 5$

1.5.2 ばらつき

中心の値の次に興味をもつのは散らばりの程度（ばらつき）です．データからばらつきを把握するには，まず，各データから平均値を引いた値である**偏差** $x_i - \bar{x}$ を計算します．この偏差には「（そのまま足すと）和がゼロ」という性質があります．

性質 1：偏差の和はゼロである．

証明：$\displaystyle\sum_{i=1}^{n}(x_i - \bar{x}) = \sum_{i=1}^{n} x_i - n\bar{x} = n\bar{x} - n\bar{x} = 0$

この偏差の絶対値の平均が，**平均偏差**です．

$$\text{平均偏差}: \frac{|x_1 - \bar{x}| + \cdots + |x_n - \bar{x}|}{n} = \frac{1}{n}\sum_{i=1}^{n}|x_i - \bar{x}| \tag{1.4}$$

また，偏差の 2 乗和を**平方和**といい，S または S_{xx} で表します．

$$\text{平方和}: S = (x_1 - \bar{x})^2 + \cdots + (x_n - \bar{x})^2 = \sum_{i=1}^{n}(x_i - \bar{x})^2 \tag{1.5}$$

実際の数値から平方和を求めるときには，次の式が便利です．

$$S = \sum_{i=1}^{n}(x_i - x)^2 = \sum_{i=1}^{n} x_i^2 - \frac{(\sum x_i)^2}{n} \tag{1.6}$$

これを，$n-1$ で割った値を**分散** V，その正の平方根を**標準偏差** s といいます．

$$V = \frac{S}{n-1}, \; s = \sqrt{V} \tag{1.7}$$

注：$n = 1$ のときは分散 V は考えません（$n-1$ で割る理由は第 7 章参照）．

ばらつきの尺度として,他には,**範囲** R と**変動係数** CV があります.範囲は,データの最大値から最小値を引いた値です.

$$R = x_{max} - x_{min} \tag{1.8}$$

また,変動係数は,次の式で計算されます.

$$CV = \frac{s}{\bar{x}} \times 100 (\%) \tag{1.9}$$

これは,正の値のみを取るデータに関して,「ばらつきが標本平均の何%に相当するか」という尺度であり,無名数(単位のない数字)です.

コラム 1.4 範囲と変動係数の活用法

範囲は,最大値と最小値のみで求められるので,何といっても計算しやすく,ばらつきの概要をつかむのに便利である.これに対して,変動係数は平均と分散の両方が必要で計算は大変であるが,スピーカの性能を表す SN 比(シグナルとノイズの比)が変動係数の逆数であり実用価値は高い.

例題 1.3 例題 1.2 のデータに対して,平均偏差,平方和,分散,標準偏差,範囲,変動係数を求めよ.

解答:平均偏差 $\sum_{i=1}^{n} |x_i - \bar{x}|/n = \dfrac{|1-4| + |2-4| + \cdots + |8-4|}{8} = 14/8 = 1.75$,平方和 $S = (1-4)^2 + (2-4)^2 + \cdots + (8-4)^2 = 36$,分散 $V = \dfrac{36}{8-1} = 5.143$,標準偏差 $s = \sqrt{5.143} = 2.268$,範囲 $R = 8 - 1 = 7$,変動係数 $CV = \dfrac{2.268}{4} \times 100 = 56.69\,(\%)$ である.

コラム 1.5 数値変換の勧め(その 1)

定数 a, b を用いて,すべてのデータから a を引いて b 倍することを数値変換という.

$$y_i = b(x_i - a), \ i = 1, 2, \cdots, n \tag{1.10}$$

このとき,変換前後の標本平均,平方和に関して,以下の関係が成り立つ.

$$\bar{y} = b(\bar{x} - a), \quad S_{yy} = b^2 S_{xx} \tag{1.11}$$

例えば,小数点がある $0.01, 0.02, \cdots, 0.05$ のようなデータを $b = 100$ 倍すると,計算途中の有効桁が確保しやすい.同様に,$10001, 10002, \cdots, 10005$ のように,非常に大きい数の近くで変化するデータの場合は,仮平均として $a = 10000$ を引くと,**桁落ち**(計算の途中の引き算で有効桁が減る現象)を防ぐことができる.

1.5.3 その他の統計量 *

例えば，試験の結果について，自分の相対的な位置を表す**偏差値**という量を紹介しましょう．まず，**標準化**という考え方から説明します．

$$標準化した値：u_i = \frac{x_i - \overline{x}}{s} \tag{1.12}$$

この値は，データの偏差が標準偏差の何倍かを意味しており，単位のない無名数です．試験は科目によって平均点やばらつきが異なります．標準化すると，これらの違いを相殺することができます．さらに，これを 10 倍して 50 を加えることで**偏差値**が計算できます．

$$偏差値：v_i = 10u_i + 50 \tag{1.13}$$

> **コラム 1.6 偏差値は 100 を超えるか？**
> 100 人が受けた試験で，A 君は 1 人だけ $x_1 = 100$ 点を取ったとする．他の人が全員 0 点であると，平均点 $\overline{x} = 1$ となり，平方和 $S = (100-1)^2 + 99 \times (0-1)^2 = 99(99+1) = 9900$，分散 $V = 9900/(100-1) = 100$，標準偏差 $s = \sqrt{100} = 10$ ゆえ，A 君の標準化した値は，$u_1 = (100-1)/10 = 9.9$ である．このときの偏差値は $v_1 = 10 \times 9.9 + 50 = 149$ となり，100 を超える．ちなみに，99 人が 0 点であれば，A 君の得点が 1 点であっても，A 君の偏差値は 149 である．

データの歪み（ゆがみ）度を調べる尺度として，次の**歪度（わいど）**があります．

$$歪度：\sqrt{b_1} = \frac{1}{ns^3} \sum_{i=1}^{n} (x_i - \overline{x})^3 = \frac{1}{n} \sum_{i=1}^{n} \left(\frac{x_i - \overline{x}}{s} \right)^3 = \frac{1}{n} \sum_{i=1}^{n} u_i^3 \tag{1.14}$$

この尺度は，分布が右に歪んでいると正の値となり，左に歪んでいると負の値となります．しかも，標準化した値 u_i のみから計算されるため，単位に無関係の無名数です．データの尖り（とがり）度を表す**尖度（せんど）**は，次の式で計算されます．

$$尖度：b_2 = \frac{1}{ns^4} \sum_{i=1}^{n} (x_i - \overline{x})^4 = \frac{1}{n} \sum_{i=1}^{n} \left(\frac{x_i - \overline{x}}{s} \right)^4 = \frac{1}{n} \sum_{i=1}^{n} u_i^4 \tag{1.15}$$

例題 1.4 以下のデータ 1 に対して歪度 $\sqrt{b_1}$，データ 2 に対して尖度 b_2 を求めよ．

データ 1 (x_i)：$-1, -1, -1, 0, 0, 0, 3$
データ 2 (y_i)：$-3, -1, -1, -1, 0, 0, 0, 0, 0, 1, 1, 1, 3$

解答：データ 1 に対して，$\overline{x} = 0$, $S_{xx} = 1^2 \times 3 + 3^2 = 12$, $V = 2$, $s = \sqrt{2}$, $\sqrt{b_1} = \dfrac{(-1)^3 \times 3 + 3^3}{7\sqrt{2}^3} = 1.212$ となる．

データ 2 に対して,$\overline{y} = 0$, $S_{yy} = 1^2 \times 6 + 3^2 \times 2 = 24$, $V = 2$, $s = \sqrt{2}$, $b_2 = \dfrac{1^4 \times 6 + 3^4 \times 2}{13\sqrt{2}^4} = 3.231$ となる.

1.6 まとめ

私たちは,知りたいこと,つまり興味の対象を**母集団**,そこから得られたデータを**標本**と呼びます.母集団を正しく反映する標本を抜き出すことが**無作為抽出**です.

データ分析は,ヒストグラムから始めます.外れ値があれば原因を探り,高原型や二山型のヒストグラムには層別を考えてください.

これらを踏まえて,標本(データ)から標本平均や平方和,分散などを求めます.これらの標本から計算できる量は**統計量**と呼ばれます.ばらつきは,**偏差**で把握します.偏差は,和はゼロで,これらの二乗和が**平方和**です.

また,偏差を標準偏差で割って,**標準化**するアイデアも重要です.例えば,標準化した変数の 3 乗,4 乗の平均である**歪度**や**尖度**は,釣鐘型の分布(第 4 章参照)かどうかを調べる有力な手段となります.

章末問題 1

1. 平方和 S に関する,次の (1.6) 式を示せ.

$$S = \sum_{i=1}^{n}(x_i - \overline{x})^2 = \sum_{i=1}^{n} x_i^2 - \dfrac{\left(\sum_{i=1}^{n} x_i\right)^2}{n}$$

2. 変数変換前後の標本平均と平方和についての,次の (1.11) 式を示せ.

$$\overline{y} = b(\overline{x} - a), \quad S_{yy} = b^2 S_{xx}$$

第I部 データを分析するための準備（統計理論）
第2章 確率変数と期待値

> ── （この章のポイント）──
> 1) 確率の定義とは，「常に0以上，全確率は1，互いに排反な事象の和の確率は個々の確率の和」
> 2) 確率変数とは，「取りうる値と確率が決まっている変数」
> 3) 期待値とは，「取りうる値と確率の積和」で，母集団を表す言葉
>
> 補足：互いに排反な事象とは，2つの事象が同時に起こらないこと．

> ════════ 理子と数也の会話 ════════
> 理子：この章では，どんな話があるの？
> 数也：前回「**確率って何か**」を説明するって言ってたよ．
> 理子：どんなもんなん？
> 数也：アホみたいに簡単な3つの性質で終わりらしい…本当かな？
> 理子：その後，調子に乗って，**確率変数**とか言い出さないかしら？
> 数也：なんで，そんなん知ってるん？ 理子さんは，何でもお見通しやね．
> 理子：昔，高校の先生が「宝くじの話」をしたときに，「こういうのは確率変数っていうんやで」って教えてくれてん．
> 数也：そういえば調子乗りの先生で，**期待値**も一緒に喋るって言ってたわ．
> 理子：確率変数と期待値…，そんなんいっぺんに話されたら，逆にわかりにくくなりそうやけど．なんか共通点とかあるんかな．

　この章では，最初に確率とはどういうものか明らかにし，この考え方を用いて，確率変数を導入します．さらに，確率変数の期待値についても議論します．そのことによって，調査対象である母集団についての議論が可能になります．

2.1 確率とは

2.1.1 事象とは

　コインを投げると「表」か「裏」が出ます．また，サイコロを投げると，「1, 2, 3, 4, 5, 6」のいずれかが出ます．このように，多数の現象の中から，そのうちの1つが決まることは多いです．確率の世界では，このような現象のことを「事象」といいます．もち

ろん，複数の可能性を考えることもあります．例えば，サイコロで「3以下の目が出る」という現象も「事象」と考えます．

2.1.2　事象のいろいろ

では，事象にはどんなものがあるでしょうか．サイコロ投げでは，$\{1,2,3,4,5,6\}$ という事象が，起こりうるすべての場合を表しています．このような事象を**全事象**といい，Ω という記号で表します．コイン投げでは，$\{$ 表, 裏 $\}$ という事象が全事象です．**事象** $A, B, \cdots$ とは，この全事象 Ω の部分集合と考えられます．

例えば，サイコロの出る目が偶数であるという事象を $A = \{2, 4, 6\}$ と表し，4以上であるという事象を $B = \{4, 5, 6\}$ としましょう．このとき，少なくともどちらかの条件を満たす事象を $A \cup B$ で表し，**和事象**と呼びます．偶数か4以上である事象は $A \cup B = \{2, 4, 5, 6\}$ です．

また，これらの両方の条件を満たす事象を $A \cap B$ で表し，**積事象（共通部分）** と呼びます．偶数でかつ4以上である事象は $A \cap B = \{4, 6\}$ です．

さらに，2つの事象の共通部分がないとき，これらは互いに**排反な事象**であるといいます．例えば，$A = \{1, 4\}$ と $B = \{2, 5\}$ の場合，これらの共通部分はありません．この起こらない現象も事象の一つとして扱うと，統一性のある議論ができるので，これを**空事象**といい，記号 ϕ で表します．すなわち，$A \cap B = \phi$ であることが排反な事象の定義です．

> **コラム 2.1　定義について**
> 「排反な事象とは，共通部分が空事象であること」のようにある概念を別の言葉で言い換えることがある．このような場合，共通部分を調べると排反かどうかがわかる．**定義**とは，その言葉の内容を正確に表現することであり，議論のポイントを教えてくれる．

2.1.3　確率とは

世の中には，降水確率や事故にあう確率など，確率という言葉があふれています．では，確率とはどんなものでしょうか？　これをきちんと定義することは，歴史的に難しかったのですが，1933年にコルモゴロフさんが以下のように $P(\cdot)$ を定義することで矛盾のない議論ができることを発見しました．

1) **事象の確率**は 0 以上：全ての事象 A に対して $P(A) \geq 0$
2) **全確率は 1**：全事象 Ω に対して $P(\Omega) = 1$
3) **場合分けの原理**：互いに排反な事象の列 $A_1, A_2, \cdots$ に対して

$$P(A_1 \cup A_2 \cup \cdots) = P(A_1) + P(A_2) + \cdots \tag{2.1}$$

これら以外にも，確率にはさまざまな性質が成り立ちますが，基本的に，上の3つの性質を理解していれば，確率を理解したことになります．そういう意味で，定義を知っていることは，非常に大切なことでもあります．

補足：(2.1) 式は，事象が 2 つの場合には

$$A \cap B = \phi \quad \text{ならば} \quad P(A \cup B) = P(A) + P(B) \tag{2.1'}$$

となります．(2.1) 式は，(2.1)' 式とイメージしても構いません．ただし厳密にいうと，両者は少し違います．まず，(2.1) 式から (2.1)' 式は導けます．$A_1 = A$, $A_2 = B$, $A_i = \phi (i \geq 3)$ とおくとわかります．しかし，逆は導けません．章末問題 2 の 4 番で，(2.1) 式が必要な例を紹介します．

2.1.4 条件付確率

少し，実用的な確率を紹介しましょう．例えば，雨が降っているときに，傘を持っていないと濡れてしまいます．しかし，いつも傘をかばんに入れて持ち歩くのは重くて嫌だという人がいるとします．その人がある月の n 日中，雨が降っていて傘のあった日が a 日，なかった日が b 日，雨が降っていなくて傘のあった日が c 日，なかった日が d 日とします（表 2.1）．

表 2.1: 雨降りと傘の有無の関係

	傘あり	傘なし	計
雨降り	a	b	$a+b$
雨降らず	c	d	$c+d$
計	$a+c$	$b+d$	n

このとき，恐らく最も重要なことは，「雨が降った日数において，そのうちで何日は傘を持っていたか」でしょう．式で書くと $a/(a+b)$ となります．実は，この分数の分子と分母をともに n で割って比を取ると，

$$\frac{a/n}{(a+b)/n} = \frac{\text{雨が降って，かつ，傘がある確率}}{\text{雨が降る確率}}$$

となります．これを一般的に 2 つの事象 A, B について考えたものが，次の **A が起こった下での B の条件付確率**です．

$$P(B|A) = \frac{P(A \cap B)}{P(A)} \tag{2.2}$$

事象 A（雨が降る）が起こった下での，事象 B（傘がある）の起こる確率の分子は，A と B が同時に起こる確率であることに注意しましょう．

2.1.5 事象の独立性

コインを 2 回投げるとき，非常に自然な形で投げれば，1 回目のコインの結果と，2 回目のコインの結果は無関係になり，例えば，2 回とも「表」である確率は，$\frac{1}{2} \times \frac{1}{2} = \frac{1}{4}$ のように計算できます．

このように，2 つの事象 A, B が同時に起こる確率を各々の確率の積で求められるとき，**事象 A, B は互いに独立**であるといい，次の式で表現できます．

$$P(A \cap B) = P(A)P(B) \tag{2.3}$$

このとき，条件付確率は，(2.2), (2.3) 式より，

$$P(B|A) = P(B),\ P(A|B) = P(A) \tag{2.4}$$

となります．逆に条件付確率が (2.4) 式を満たすと，事象 A, B は独立となります．

補足：この事象の独立性は，次章で紹介する「確率変数の独立性」にもつながる，非常に重要な考え方です．

2.2 確率変数とは

1 から 6 までの目が 1 つずつ書いてある普通のサイコロを考えます．これを 1 回振り，出る目を X とすると，X の取りうる値は，1〜6 で，(普通は) その確率は 6 分の 1 です．

> **コラム 2.2 大きいサイコロは，1 が出やすい**
> ある学生が調べた調査で，大きなサイコロを 1000 回振った所，「1」の目が若干多めに出た．理由については，あくまでも推測の域を出ないが，そのサイコロは 1 の目が大きくへこんでいたため，その逆の面 (6 の面) が重かったからではないかと考えている (第 13 章参照)．

このように，どのような値を取るか，とその起こる確率が決まっている変数を**確率変数**といいます．また，確率変数の「取りうる値とその起こる確率」という情報をまとめて，確率変数の**確率分布**と呼びます．第 1 章で述べたように，私たちは，興味の対象を母集団と呼んで，これらから無作為にデータを抜き取って分析を行います．このとき，データは，取られる前は，確率変数として扱われ，データが取られた後は，**実現値**と呼んで区別し，決まった値として扱います．

補足：確率変数は，通常**大文字** $X, Y, \ldots$ で表現します．

例 2.1　野球のルールブック

例えば，野球のルールブックの勝敗の項目には，1 回の表の得点，という概念が記述されています．しかし，まだ当該試合が実施されていない段階では，値は定まっておらず，確率変数であると考えられます．それに対して，その当該試合が実施された後は，値は決まります．これを実現値といいます．

一般的に，跳び跳びの値 $x_1, x_2, x_3, \cdots$ を，確率 $p_1, p_2, p_3, \cdots$ で取るとします．

表 2.2: 確率変数 X

i	1	2	3	$\cdots$	計
取りうる値 x_i	x_1	x_2	x_3	$\cdots$	
その確率 p_i	p_1	p_2	p_3	$\cdots$	1

このように跳び跳びの値を取る確率変数は，数列 $\{p_i\}$, $i = 1, 2, 3, \cdots$ を用いて，次のように定義されます．

$$p_i = P(X = x_i), \qquad p_i \geqq 0, \qquad \sum_{i=1}^{\infty} p_i = 1. \tag{2.5}$$

これらの性質が成り立つとき，X を**離散型確率変数**，p_i を X の**確率関数**といいます．ここで，$P(\cdot)$ は，2.1.3 項で述べた 1)〜3) の性質を満たすとします．

表 2.3: サイコロの出る目 X

i	1	2	3	4	5	6	計
取りうる値	1	2	3	4	5	6	
その確率	1/6	1/6	1/6	1/6	1/6	1/6	1

2.3　期待値

宝くじには，1 ユニット（10 万本 ×100 組 ×300 円 =30 億円）という単位があり，その中には，1 等から 7 等まで，すべてが一揃いそろっています．したがって，この 1 ユニットをすべて購入すれば，払戻金が一揃え得られることになります．実際に，2015 年春に販売されたグリーンジャンボ宝くじにおける 1 ユニットでの当せん金額と本数を表 2.4 に示します．

表 2.4: 宝くじの当せん金額と本数

等　級	当せん金額		本　数		総当せん金額
1 等	400,000,000 円	×	1 本	=	400,000,000 円
1 等前後賞	100,000,000 円	×	2 本	=	200,000,000 円
1 等組違い	100,000 円	×	99 本	=	9,900,000 円
2 等	10,000,000 円	×	4 本	=	40,000,000 円
3 等	1,000,000 円	×	100 本	=	100,000,000 円
4 等	100,000 円	×	1,000 本	=	100,000,000 円
5 等	10,000 円	×	10,000 本	=	100,000,000 円
6 等	2,000 円	×	100,000 本	=	200,000,000 円
7 等	300 円	×	1,000,000 本	=	300,000,000 円
外れ	0 円	×	8,888,794 本	=	0 円
計			10,000,000 本		1,449,900,000 円

総当せん金額の合計，約 14.5 億円を，1 ユニットの本数 1000 万本で割ると，1 本当たり約 145 円となります．これが当せん金額 X の期待値です．これを式で表現しましょう．当せん金額を x_i，本数を f_i，総本数を n とすると，

$$E(X) = \frac{1}{n}\left(\sum_{i=1}^{10} x_i f_i\right) = \sum_{i=1}^{10} x_i \left(\frac{f_i}{n}\right) \tag{2.6}$$

と表現することができます．一般的に確率変数の**期待値**とは，(2.6) 式の $\frac{f_i}{n}$ を，その起こる確率 p_i に置き換えて，「取り得る値と確率の積和」として次式で表現されます．

$$E(X) = \sum_{i=1}^{\infty} x_i p_i \tag{2.7}$$

これは，X の**母平均**と呼ばれ，μ（ミュー，と読む）や μ_x とも表され，確率変数 X の中心的な値を意味します．また，X の関数 $h(X)$ の期待値は，次の式で計算されます．

$$E\{h(X)\} = \sum_{i=1}^{\infty} h(x_i) p_i \tag{2.8}$$

例えば，$h(x) = x^2$ や $h(x) = (x-\mu)^2$ の場合，

$$1) \quad E(X^2) = \sum_{i=1}^{\infty} x_i^2 p_i$$

$$2) \quad E\{(X-\mu)^2\} = \sum_{i=1}^{\infty}(x_i - \mu)^2 p_i \tag{2.9}$$

のように，取り得る値と確率の積和で計算できます．この (2.9) 式は，X の**母分散**と呼ばれ，$Var(X)$ と表現したり，σ^2（シグマジジョウ，と読む）や σ_x^2 で表します．これは，確率変数 X のばらつきの大きさを意味します．また，X の**母標準偏差** σ とは，

$$\sigma = \sqrt{\sigma^2} \tag{2.10}$$

で定義されます．

また，母分散については，次のように計算することもできます．

定理 2.1 $\quad Var(X) = E(X^2) - \{E(X)\}^2 \tag{2.11}$

証明：省略（章末問題 2 参照）

ここで，定数 a, b を用いて，$Y = aX + b$ という確率変数を考えます．この確率変数 Y の母平均と母分散を計算すると，次の定理 2.2 が成り立ちます．

定理 2.2 $\quad Y = aX + b$ の母平均と母分散に関して，以下の性質が成り立つ．

$$母平均：E(aX + b) = aE(X) + b \tag{2.12}$$

$$母分散：Var(aX + b) = a^2 Var(X) \tag{2.13}$$

証明：省略（章末問題 2 参照）

2.4 まとめ

なぜ確率変数と期待値が大切なのでしょうか？ そもそも，私たちが知りたいのは真実の姿でした．例えば，数本しかない「くじ引き」を考えたとき，これを作った人には，当たりくじが何本あるかがわかっています．しかし，くじを引く側から見ると，どれが当たりか外れかや，どれくらい当たる可能性があるのかはわかりません．

そこで，知ることができないことをランダムに標本（データ）を取って調査することで，真実に迫ろう，というのが標本調査という考え方です．このとき，必然的に「調査対象である母集団から等確率で選ぶ」という考え方が生まれます．これが**確率変数**です．また，この起こり得る可能性から等確率で起こると考えた中心の値を**期待値**で

捉え，母平均や母分散を求めることで，私たちは何を調べたいのか表現することが可能になります．なお，具体的な表現については，第11章以降のデータ解析の実例で紹介していきます．

章末問題 2

1. 次の確率変数（表 2.5）に関して，母平均と母分散を求めよ．

表 2.5: 確率変数 X

取りうる値	1	2	3
その確率	$\frac{1}{6}$	$\frac{1}{2}$	$\frac{1}{3}$

2. 母分散についての (2.11) 式：$Var(X) = E(X^2) - \{E(X)\}^2$ を示せ．

3. $Y = aX + b$ の母平均と母分散に関する以下の式を示せ．

    1) 母平均：$E(aX + b) = aE(X) + b$
    2) 母分散：$Var(aX + b) = a^2 \, Var(X)$

4*. 確率変数 X の確率関数が以下の p_k のとき，X が偶数となる確率 q を求めよ．

$$P(X = k) = p_k = \frac{1}{ek!}, \ k = 0, 1, 2, \cdots$$

5*. **ベイズの定理**：互いに排反な事象の列 $\{E_n | n = 1, 2, \cdots\}$ の和集合が全集合 Ω とする．このとき，次の等式が成り立つことを示せ（$P(E_i)$ を**事前確率**という）．

$$\text{事後確率}：P(E_i | A) = \frac{P(E_i)P(A|E_i)}{\sum_{i=1}^{n} P(E_i)P(A|E_i)}$$

第3章 2次元データと2次元確率変数

―（この章のポイント）―
1) 2次元データは，まず散布図，次に偏差積和と相関係数を求める．
2) 2次元確率変数は，同時確率で表現される．
3) 独立性は「同時が周辺の積」かどうかでわかる．

――― 理子と数也の会話 ―――
理子：ところで，**2次元**って何？
数也：2つの変量の関係を見ることらしいよ．
理子：2変量っていうのと同じことなん？
数也：うん．これにも，データと母集団の話があるらしい…
理子：データはわかりやすいんやけど．
数也：そうそう，**独立性**も話すらしいわ．
理子：またいっぺんに話すんか…．あかんもうやめて〜〜
数也：独立性と**無相関**の関係も大事らしいでェ…

私たちは，ある結果が得られたとき，その原因を探すことがあります．原因と結果の関係にある2つの変量の関係を**因果関係**といいます．しかし，必ずしも2つの量の関係は因果関係に限らないことも多いでしょう．例えば身長と体重の関係を考えると，身長の高い人は体重も重い傾向にあり，逆に，体重の重い人は身長も高い傾向にあります．このような2つの変量の間の関係を，**相関関係**といいます．

―― コラム 3.1　$50m$ 走と年収に因果関係はあるのか？
あるスポーツクラブに通う中高齢の人を対象に，$50m$ 走のタイムと年収を調査しよう．これらは，いずれも年齢に影響を受ける，すなわち，年齢が高いほど $50m$ 走のタイムは遅くなり，年収も増える傾向があると考えられる．しかし，このようなとき，$50m$ 走が遅くなると収入が増える，という関係を因果関係と呼ぶのは馬鹿げている．

3.1節では，連続的なデータ同士における相関関係を扱います．3.2節では，離散的な確率変数に関する相関関係や独立性を解説します．3.3節では，2つの確率変数の期待値と，これを用いた関係の尺度を紹介します．

この章でも，2次元データと2次元の確率変数，つまりデータの話と母集団の話を

区別することがポイントです.

3.1 2次元データ（連続的な値）

身長と体重のような2つの変量の関係を調べたいとします．今，n人についてのデータ (x_i, y_i), $i = 1, 2, \cdots, n$ が得られたとします．このようなデータを**2次元データ**といいます．

例題 3.1 表 3.1 の $n = 30$ 組のデータ例に対する散布図を，図 3.1 に描く．

表 3.1: 2次元データの例

No.	x	y	No.	x	y	No.	x	y
1	21	31	11	22	30	21	27	34
2	19	31	12	21	34	22	24	34
3	17	26	13	28	39	23	20	32
4	20	31	14	19	30	24	24	37
5	25	37	15	26	40	25	23	35
6	24	36	16	21	33	26	18	29
7	22	32	17	25	40	27	25	33
8	22	35	18	22	36	28	18	30
9	20	30	19	20	28	29	21	29
10	25	36	20	18	28	30	23	34

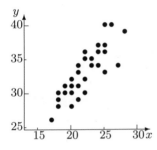

図 3.1: x と y の散布図

3.1.1 散布図のいろいろ

散布図は，大きく分けて，図 3.2 の 6 つの場合に分類できます．

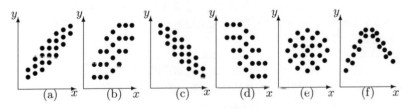

図 3.2: いろいろな散布図

3.1 2次元データ（連続的な値）

まず，図 3.2 の (a) は，右上がりの関係で**強い正の相関**といいます．(b) は**弱い正の相関**，(c), (d) は**強い負の相関**，**弱い負の相関**といいます．また，(e) のようなデータは**無相関**といわれます．もし散布図が (f) のようになったら，x の大きい所と小さい所で y と関係が変わると考えられます．このような場合は，単純な相関を調べるのは適切ではないので，**相関不適切**といわれます．

3.1.2 標本共分散と標本相関係数

n 組のデータ (x_i, y_i), $i = 1, 2, \cdots, n$ があるとき，これら 2 変数の相関関係は，各々のデータにおける偏差 $x_i - \overline{x}$, $y_i - \overline{y}$ を用いて，以下の偏差積和，標本共分散を求めて，標本相関係数を考えます．

まず，**偏差積和**とは，偏差の積の和です．

$$S_{xy} = \sum_{i=1}^{n}(x_i - \overline{x})(y_i - \overline{y}) = \sum_{i=1}^{n} x_i y_i - \frac{\left(\sum_{i=1}^{n} x_i\right)\left(\sum_{i=1}^{n} y_i\right)}{n} \tag{3.1}$$

これを，$n-1$ で割った量を**標本共分散（共分散）**といいます．

$$s_{xy} = \frac{S_{xy}}{n-1} = \frac{1}{n-1}\sum_{i=1}^{n}(x_i - \overline{x})(y_i - \overline{y})$$

ただ，標本共分散には単位によって変わってしまうという欠点があります．例えば，身長を cm で測るか m で測るかで結果が変わるのは困ります．そこで，単位に無関係にするため，各々の標準偏差 s_x, s_y で割って，**標本相関係数** $r = r_{xy}$ を定義します．

$$r = r_{xy} = \frac{s_{xy}}{s_x s_y} = \frac{S_{xy}}{\sqrt{S_{xx} S_{yy}}} = \frac{\sum_{i=1}^{n}(x_i - \overline{x})(y_i - \overline{y})}{\sqrt{\sum_{i=1}^{n}(x_i - \overline{x})^2 \sum_{i=1}^{n}(y_i - \overline{y})^2}} \tag{3.2}$$

これは $-1 \leq r \leq 1$ を満たすので，非常に使いやすい尺度です（演習問題 3 参照）．

コラム 3.2 変数変換の勧め（その 2）

2 つの変数に関しても，変数変換を行うと計算が楽になり精度も高くなる．

$$u_i = b(x_i - a), \quad v_i = d(y_i - c) \tag{3.3}$$

このとき，変換前後の偏差積和に関して，次の式が成り立つ．

$$S_{uv} = bd S_{xy} \tag{3.4}$$

例題 3.2：例題 3.1 のデータについて，平方和，偏差積和，標本相関係数を求めよ．
解答例：$u_i = x_i - 20$, $v_i = y_i - 30$ を行うと，(1.11),(3.4) 式より $S_{xx} = S_{uu}$, $S_{yy} = S_{vv}$, $S_{xy} = S_{uv}$ となり，$r_{xy} = r_{uv}$.

今，(1.6),(3.1) 式より，$S_{uu} = \sum_{i=1}^n u_i^2 - (\sum_{i=1}^n u_i)^2/n = 358 - 60^2/30 = 238$, $S_{vv} = 656 - 90^2/30 = 386$, $S_{uv} = \sum_{i=1}^n u_i v_i - (\sum_{i=1}^n u_i)(\sum_{i=1}^n v_i)/n = 435 - 60 \times 90/30 = 255$, $r_{xy} = r_{uv} = S_{uv}/\sqrt{S_{uu}S_{vv}} = 255/\sqrt{238 \times 386} = 0.8413 \to 0.841$.

3.2 離散型2次元確率変数とは

離散型の2つの確率変数 X, Y があり，その取り得る値が $1, 2, \cdots$ の場合，その**同時確率** $P(X=i, Y=j)$ が決まっていて，以下の3つの性質を満たすとします．

$$p_{ij} = P(X=i, Y=j), \quad p_{ij} \geqq 0, \quad \sum_{i=1}^\infty \sum_{j=1}^\infty p_{ij} = 1 \tag{3.5}$$

このとき，(X, Y) を **2次元確率変数**，$p_{ij} = P(X=i, Y=j)$ を**同時確率関数**といいます．

3.2.1 周辺確率関数

今から $P(X=i)$ を求めましょう．この事象 $(X=i)$ を互いに排反な事象の列 $(X=i, Y=1)$, $(X=i, Y=2)$, $\cdots$ に分類して，確率の定義の3番目の性質である (2.1) 式を用いると，以下のように計算できます．

$$P(X=i) = P(X=i, Y=1) + P(X=i, Y=2) + \cdots \tag{3.6}$$

この確率は X の取る値 i だけで決まります．これを X の**周辺確率関数** $p_{i\bullet}$ といいます．ここで，$\bullet$ はその添字に関する和を意味します．同様に，Y の周辺確率関数 $p_{\bullet j} = P(Y=j)$ も定義されます．

$$P(Y=j) = \sum_{i=1}^\infty P(X=i, Y=j) \tag{3.7}$$

3.2.2 2つの確率変数の独立性

2つの**確率変数が互いに独立**とは，次の式がすべての i, j で成り立つことです．

$$P(X=i, Y=j) = P(X=i)P(Y=j) \quad \text{すなわち}, \quad p_{ij} = p_{i\bullet} p_{\bullet j} \tag{3.8}$$

このとき，$X \perp\!\!\!\perp Y$ と表し，「X と Y は独立」と読みます．これは，「同時（確率関数）が周辺（確率関数）の積」と言い換えることができます．2次元確率変数が，独立である例と独立でない例を紹介します．

例 3.1　独立な確率変数の例

2つのサイコロを振って，出る目を X, Y とすると，以下の式が成り立つ．

$$P(X=i, Y=j) = P(X=i)P(Y=j), \quad i, j = 1, 2, \cdots, 6$$

これは，(3.8) 式を満たす．よって，2つのサイコロの出る目は，互いに独立である．

例 3.2　独立でない確率変数の例

コインを3回投げて，第 i 回目に表が出れば $X_i = 1$，裏が出れば $X_i = 0$ とする．3回のコインの表裏の出方は，互いに独立である．また，各々のコインの表が出る確率は $\frac{1}{2}$ である．よって，3回の表と裏の出方は，取りうる値 $i, j, k = 0, 1$ に対して，同時確率 $p_{ijk} = P(X_1 = i, X_2 = j, X_3 = k)$ は，次のように計算できる．

$$P(X_1 = i, X_2 = j, X_3 = k) = P(X_1 = i)P(X_2 = j)P(X_3 = k) = \left(\frac{1}{2}\right)^3 = \frac{1}{8}$$

また，表が出た回数を $X = X_1 + X_2 + X_3$ とする．さらに，2回以上続けて表が出れば $Y = 1$，それ以外の場合には $Y = 0$ とする．このとき，(X_1, X_2, X_3) の取りうる値で8つに場合分けするとき，X, Y の取りうる値とその確率は，以下の表 3.2 のようになる．さらに，(X, Y) の同時確率関数 $p_{ij} = P(X = i, Y = j)$ は，以下の表 3.3 のようになり，$p_{00} = \frac{1}{8} \neq \frac{1}{8} \times \frac{5}{8} = p_{0\bullet} p_{\bullet 0}$ ゆえ，独立ではない．

表 3.2: 取りうる値と確率

$No.$	X_1	X_2	X_3	X	Y	確率 p_{ijk}
1	0	0	0	0	0	1/8
2	0	0	1	1	0	1/8
3	0	1	0	1	0	1/8
4	0	1	1	2	1	1/8
5	1	0	0	1	0	1/8
6	1	0	1	2	0	1/8
7	1	1	0	2	1	1/8
8	1	1	1	3	1	1/8

3.3　2つの確率変数における期待値

1つの確率変数のときと同様に，「取りうる値と確率の積和」で期待値を考えます．一

表 3.3: 同時確率 p_{ij} の表

X \ Y	0	1	$P(X=i)$
0	1/8	0	1/8
1	3/8	0	3/8
2	1/8	2/8	3/8
3	0	1/8	1/8
$P(Y=j)$	5/8	3/8	1

表 3.4: p_{ij} 表（一般的記号）

X \ Y	0	1	$p_{i\bullet}$
0	p_{00}	p_{01}	$p_{0\bullet}$
1	p_{10}	p_{11}	$p_{1\bullet}$
2	p_{20}	p_{21}	$p_{2\bullet}$
3	p_{30}	p_{31}	$p_{3\bullet}$
$p_{\bullet j}$	$p_{\bullet 0}$	$p_{\bullet 1}$	1

一般的に，X と Y の関数 $h(X,Y)$ の**期待値**は，次の式で計算します．

$$E\{h(X,Y)\} = \sum_{i=1}^{\infty}\sum_{j=1}^{\infty} h(i,j) p_{ij} \tag{3.9}$$

3.3.1 X のみの関数の期待値

もし，$h(X) = X$ や，$h(X) = (X-\mu_x)^2$ のような場合は，以下の理由によって，周辺確率関数 $p_{i\bullet}$ を用いて計算できることがわかります．

$$\text{母平均}: \mu_x = E(X) = \sum_{i=1}^{\infty}\sum_{j=1}^{\infty} i\, p_{ij} = \sum_{i=1}^{\infty} i \left(\sum_{j=1}^{\infty} p_{ij} \right) = \sum_{i=1}^{\infty} i\, p_{i\bullet}$$

$$\text{母分散}: Var(X) = \sigma_x^2 = E\{(X-\mu_x)^2\} = \sum_{i=1}^{\infty} (i-\mu_x)^2\, p_{i\bullet}$$

3.3.2 2つの確率変数の関係

2つの確率変数の関係を測る尺度として，**母共分散**は，次の式で計算します．

$$Cov(X,Y) = E[(X-\mu_x)(Y-\mu_y)] = E(XY) - \mu_x\mu_y \tag{3.10}$$

この量は，2次元データにおける標本共分散と同様に，単位によって変わります．そこで，単位に無関係な尺度として，次の**母相関係数**が考えられます．

$$\rho = \rho(X,Y) = \frac{Cov(X,Y)}{\sigma_x \sigma_y} \tag{3.11}$$

この母相関係数は，$-1 \leq \rho \leq 1$ を満たします．また，母相関係数がゼロであることを，**無相関**といいます．

> **コラム 3.3 統計量と推定量**
>
> **統計量**とは，データの関数である．統計学は，データのみで判断を下す客観的な学問分野であるから統計量のみを用いて判断する．また，**推定量**とは，何らかの興味の対象（母数）に対して，統計量を当てはめたとき，その統計量を示す言葉である．例えば，母平均 μ と母分散 σ^2 に対する平均 $\overline{X}$ と分散 V, 母相関係数 ρ に対して標本相関係数 r を考えることでもある．**母数**とは，興味の対象である母集団を定める量（これがわかれば母集団がわかる）と考えればよいだろう（標本の大きさではない！）．

3.3.3 独立性と無相関性

独立性と無相関性は，一方通行の関係があります．2つの確率変数が独立であれば，必ず無相関になりますが，その逆は必ずしも成り立つとは限りません．

定理 3.1 独立な確率変数 X, Y の共分散はゼロとなる．

証明：独立であるとは，同時確率が周辺確率の積で表せる．つまり，$p_{ij} = p_{i\bullet} p_{\bullet j}$ がすべての i, j で成り立つ．

$$E(XY) = \sum_{i=1}^{\infty}\sum_{j=1}^{\infty} ij\, p_{ij} = \sum_{i=1}^{\infty}\sum_{j=1}^{\infty} ij\, p_{i\bullet} p_{\bullet j} = \sum_{i=1}^{\infty} i\, p_{i\bullet} \left\{ \sum_{j=1}^{\infty} j\, p_{\bullet j} \right\} = E(X)E(Y)$$

証明終

相関関係は，直線性を前提に，お互いの関係の有無を測る尺度ですので，前掲の図 3.2(f) のように途中で関係が変わったり放物線状（2次関係）がある場合には，無相関であっても独立でない場合が有りえます．次の例 3.3 に，共分散がゼロ（無相関）であるけれど，独立ではない例を示します．

例 3.3 無相関であって独立でない例

(X, Y) の同時確率が，次の表 3.5 で与えられているとする．このとき，共分散はゼロであるが，$P(X=1, Y=1) = p_{11} = 0$ と $P(X=1)P(Y=1) = p_{1\bullet} p_{\bullet 1} = \frac{1}{2} \times \frac{1}{4} = \frac{1}{8}$ で一致せず，独立ではない．

3.3.4 分散の加法性

2つの確率変数の和の分散は，以下のように個々の分散と共分散で求まられます．

定理 3.2 $Var(X+Y) = Var(X) + Var(Y) + 2Cov(X, Y)$

証明：$E(X+Y) = \mu_x + \mu_y$ ゆえ $Var(X+Y) = E[\{(X+Y) - (\mu_x + \mu_y)\}^2] = E[\{(X - \mu_x) + (Y - \mu_y)\}^2]$ として展開すればよい． **証明終**

表 3.5: 無相関であって独立でない場合

X \ Y	−1	0	1	$P(X=i)$ $=p_{i\bullet}$
−1	1/4	0	1/4	1/2
1	0	1/2	0	1/2
$P(Y=j)$ $=p_{\bullet j}$	1/4	1/2	1/4	1

$$\mu_x = (-1) \times \frac{1}{2} + 1 \times \frac{1}{2} = 0$$

$$\mu_y = (-1) \times \frac{1}{4} + 0 \times \frac{1}{2} + 1 \times \frac{1}{4} = 0$$

$$E(XY) = (-1) \times \frac{1}{4} + 0 \times \frac{1}{2} + 1 \times \frac{1}{4} = 0$$

$$Cov(X,Y) = 0 - 0 \times 0 = 0$$

定理3.2($X+Y$ の母分散の式) で、定理 3.1（独立なら母共分散ゼロ）を併せて考えると、独立な場合は次の性質が成り立ちます．これを**分散の加法性**といいます．

定理 3.3：分散の加法性 X,Y が独立のとき、次の式が成り立つ．

$$Var(X+Y) = Var(X) + Var(Y)$$

3.4 n 個の確率変数の独立性とは *

n 個の確率変数 $X_1, \cdots, X_n$ が**互いに独立**とは、次の式がすべての $k_1, \cdots, k_n$ で成り立つことです．

$$P(X_1 = k_1, \cdots, X_n = k_n) = P(X_1 = k_1) \cdots P(X_n = k_n) \tag{3.12}$$

これを、$\perp\!\!\!\perp (X_1, \cdots, X_n)$ と表します．(3.12) 式の左辺を**同時確率関数**といいます．n 個の確率変数が独立であれば、各々2つずつの確率変数も独立となり、共分散はゼロとなります．そこで、n 個の確率変数の和について、次の定理が成り立ちます．

定理 3.4 和の母平均と母分散は、独立な場合には以下のようになる．

$$E(X_1 + \cdots + X_n) = E(X_1) + \cdots + E(X_n) \tag{3.13}$$

分散の加法性：$Var(X_1 + \cdots + X_n) = Var(X_1) + \cdots + Var(X_n)$ (3.14)
証明：省略（厳密には、数学的帰納法を用いて示す）

では、同じ分布からの（独立な）標本の場合、標本平均の母平均と母分散はどうなるでしょうか？

定理 3.5 母平均が μ, 母分散が σ^2 の母集団から，独立な標本 $X_1, \cdots, X_n$ をとる．このとき，標本平均 $\overline{X}$ の母平均と母分散は，以下のようになる．

$$E(\overline{X}) = \mu \tag{3.15}$$

$$Var(\overline{X}) = \frac{\sigma^2}{n} \tag{3.16}$$

証明：定理 3.4（和の母平均と母分散）と，前章の定理 2.2 で $b=0$ の場合 $E(aX) = aE(X)$, $Var(aX) = a^2 Var(X)$ から導ける． **証明終**

このように，同じ母集団からの独立な標本を，**独立同一分布**に従う**無作為標本**といいます．第 6, 7 章の標本分布では，基本的にこれを前提として議論します．

最後に，各々 2 つずつが独立であれば，n 個が独立だといえるでしょうか？ 次の例 3.4 を見てください．逆は成り立ちません．つまり，3 つの確率変数の独立性は，各々 2 つずつが独立であることよりも強い条件であることがわかります．この意味で，3 つ以上の確率変数の独立性の定義は必要で，2 つの確率変数の独立性だけでは不十分であることがわかっています．

例 3.4　3 人の部員がいる将棋クラブでの出来事

ある将棋クラブでは，参加人数が 1 人や 3 人であるとき，3 番目に来た部員が気を利かせて偶数に調整する暗黙の了解がある．

出席を 1, 欠席を 0 として，右の表 3.6 のような場合を考えると，どの 2 人も独立である（が，3 人目は独立ではない?!）

表 3.6: 2 人ずつは独立な例

No.	X_1	X_2	X_3	確率
1	0	0	0	1/4
2	0	1	1	1/4
3	1	0	1	1/4
4	1	1	0	1/4

3.5　まとめ

2 つの要因の関係を調べたいとき，2 次元のデータを取り，まずは**散布図**を描きます．散布図は，外れ値の有無や，おおよその関係を見ることができます．次に，相関を数値的に見るには，**標本相関係数**を求めます．

母集団についても，**母相関係数**があります．母相関係数がゼロであることを，**無相関**といいます．また，2 つの確率変数が**独立**という考え方があります．独立なら無相関ですが，逆は成り立ちません．また 3 つ以上の確率変数でも，各々が独立であることと，3 つ以上が独立であることは異なる概念です．

章末問題 3

1. 標本相関係数について，$-1 \leqq r \leqq 1$ を示せ．また，等号成立条件を述べよ．

2. X と Y が独立であるとき，次が成り立つことを示せ．
$$E\{g(X)h(Y)\} = E\{g(X)\}E\{h(Y)\}$$

3*. 母相関係数について，$-1 \leqq \rho \leqq 1$ を示せ．

4. 変数変換前後の偏差積和に関する次の (3.4) 式を示せ．
$$S_{uv} = bd S_{xy}$$

第4章 連続型確率変数

―― (この章のポイント) ――
1) 連続型確率変数は, 範囲を考えて確率を計算する.
2) 期待値は, **カクリツ**（確率もどき）を用いて計算できる.
3) 測定値は正規分布, 寿命は指数分布を用いるのが基本である.

―――― 理子と数也の会話 ――――
理子：身長が $170cm$ の人の確率はどうなるんかなあ.
数也：正確に計算すると, ゼロになるらしいよ.
理子：エッ！ **確率がゼロ**ってことは起こらないん？
数也：そうなると, $171cm$ の人も, $171.3cm$ の人もいなくなるね.
理子：誰もいなくなるか…, 困るやん.
数也：ま, それはそうと, 連続型ってことは釣鐘型の分布が出てくるんかなあ.
理子：おっと, 数也にしては, 切り替え早いね.
数也：うん, **正規分布**だけは, ちゃんと勉強して損はないみたいやから.

この章では, 連続的な確率変数を扱います. まず 4.1 節では, ルーレットを通して区間に対して確率を考えることから始めます. 4.2 節で連続型確率変数の定義を述べ, 4.3 節ではその期待値を定義します. 4.4 節では, 正規分布と指数分布という応用上重要な分布を紹介します. 最後に 4.5 節で, 離散型との類似性を中心に, 2 次元の確率変数の取り扱い方法を示します.

4.1 仮想ルーレットの確率

最初に以下のような「仮想ルーレット」を考えましょう. このルーレットには, 円形の円周上に 0 から 1 までの数字を均一に記入してあり, 円盤の中心に付けた針をクルクル回して, 止まった所の数字 X を読むこととします. このとき, どこに止まるか同じだと考えると,
$$P(0.2 \leqq X < 0.4) = 0.4 - 0.2 = 0.2$$
のように計算できます. ある範囲であれば確率を計算でき, その幅 0.2 が確率となります. 一般的に, $[a, b) = \{x | a \leqq x < b\}$ という区間を考えると, $P(a \leqq X < b) = b - a$

と計算できます．これは，後で登場する一様分布の特別な場合になっています．

4.2 連続型確率変数とは

では，一般的な連続的な値を取る確率変数は，どのように定義されるのでしょうか？これには，密度関数と呼ばれる $f(x)$ の助けを借りることが必要です．
以下のような3つの性質を満たす，関数 $f(x)$ を考えます．

$$\int_a^b f(x)dx = P(a \leqq X \leqq b), \quad f(x) \geqq 0, \quad \int_{-\infty}^{\infty} f(x)dx = 1 \qquad (4.1)$$

このとき，X を**連続型確率変数**，$f(x)$ を**確率密度関数（密度関数）**といいます．また，ある一点に一致する確率はゼロ，つまり，$P(X = a) = 0$ です．

注意：$P(X = b) = 0$ ゆえ，$P(a \leqq X \leqq b) = P(a \leqq X < b) + P(X = b) = P(a \leqq X < b) = P(a < X < b) + P(X = a) = P(a < X < b)$ など．

コラム 4.1　連続型確率変数では，事象 $\{X = a\}$ は起こるけれど確率はゼロ？

$P(X = a) = 0$ は近似でも極限でもなく，ぴったりゼロである．しかし，これは $\{X = a\}$ という事象が起こらないことを意味しない．連続型確率変数では "確率ゼロの事象が起こる" のである！　では，我々はなぜ，確率ゼロの事象が起こると気持ち悪いのだろう．実は「実数は並べられない（章末問題4参照）」という，一見，確率の話とは無関係に思えることと，密接に関係がある．

もし，実数が並べられるとする．0から1の実数を，$x_1, x_2, \cdots$ とおくと，4.1節の仮想ルーレットの場合，
$$1 = P(0 \leqq X < 1) = P\{(X = x_1) \cup (X = x_2) \cup \cdots\}$$
$$= P(X = x_1) + P(X = x_2) + \cdots = 0 + 0 + \cdots = 0 \qquad (4.2)$$
という矛盾が起こる．我々は，(事象が並べられるかどうかに関係なく)，確率がゼロの事象を無限個加えても，ゼロであってほしい，と願ってしまう．この矛盾を解決したのが，確率の定義における3番目の式 (2.1)「**場合分けの原理**」である．事象の列に対して成り立つこの性質は，実数には適用できない（実際は実数が並べられないため，上の (4.2) 式の 2 番目の等号が成り立たない）．

事象「連続型確率変数 X が a 以下」の確率を意味する**分布関数**を紹介します．

$$\text{分布関数}：F(a) = P(X \leqq a) \qquad (4.3)$$

これを a で微分すると，$F'(a) = f(a)$ となり，密度関数が得られます．逆に，密度

関数を $(-\infty, a]$ という区間で積分すると，分布関数が得られます．

4.3 連続型確率変数の期待値

連続型確率変数の**期待値**，**母平均**，**母分散**は，各々次の式で定義されます．

$$期待値：E\{h(X)\} = \int_{-\infty}^{\infty} h(x)f(x)dx \tag{4.4}$$

$$母平均：\mu = E(X) = \int_{-\infty}^{\infty} xf(x)dx \tag{4.5}$$

$$母分散：\sigma^2 = Var(X) = E\{(X-\mu)^2\} = \int_{-\infty}^{\infty} (x-\mu)^2 f(x)dx \tag{4.6}$$

離散型確率変数の場合，期待値とは取りうる値と確率の積和でした．そこで，連続型確率変数の場合には，$f(x)dx$ を「**カクリツ（確率もどき）**」と解釈することをお勧めします．すると，記号の類推として $f(x)dx$ を "カクリツ" に，積分記号 $\int$ を "和" だと考えて，「取り得る値 $h(x)$ とカクリツ $f(x)dx$ の積和」だと思えます．連続型確率変数では，そもそも，密度関数 $f(x)$ 単独では確率ではなく，幅を掛けて面積として初めて確率となるからです．

コラム 4.2　変数変換公式

次の節では，ある確率変数を変換して，その密度関数を求めることが必要になる．このとき，次の定理が利用できる．

定理 4.1（変数変換公式）　確率変数 X の密度関数が $f(x)$ とする．一対一の変換 $Y = h(X)$ で決まる確率変数 Y の密度関数 $g(y)$ は，以下の式で表される．

$$g(y) = f(t(y))|t'(y)| \tag{4.7}$$

ただし，$x = t(y)$ は $y = h(x)$ の逆関数である．また，$y = h(x)$ が単調増加の場合は絶対値は不要である．絶対値は単調減少の場合を想定しており，密度関数が常にゼロ以上となるように調整されている．

式の導出：単調増加の場合，この公式は，両辺をカクリツ（確率もどき）で考えれば $g(y)dy = f(x)dx$ となり，両辺を dy で割って $g(y) = f(x)\frac{dx}{dy}$ と思えば覚えやすい．

4.4 正規分布と指数分布

4.4.1 正規分布 $N(\mu, \sigma^2)$

製品の製造工程において，よく管理されている場合の測定値は，誤差的に変動することが知られています．この誤差の分布は，第1章のヒストグラムで登場した「釣鐘型」の分布となります．次の密度関数を用いて，**正規分布**を定義します．

$$f(x) = \frac{1}{\sqrt{2\pi}\sigma} \exp\left\{-\frac{(x-\mu)^2}{2\sigma^2}\right\}, \quad -\infty < x < \infty, \quad \sigma > 0 \quad (4.8)$$

コラム 4.3 タイピング規則（exp 表示など）について

かつては，タイプライターで式を印字していた時代が長く，色んな慣例がある．例えば $\exp(A)$ とは e^A と同じ意味で，指数関数の指数部（肩の上）に長い式を書くときの表記法である．また，添え字やべき乗を表示するときに，元と同じ文字の大きさでもかまわない，y_i の予測値を表すときに y だけにハットをつけて $\hat{y}_i$ のように記述するなどの慣例もある．

またこの密度関数に従う確率変数 X の母平均は μ，母分散は σ^2 になります（第6章定理 6.7 参照）．分布で最も重要な母平均 μ と母分散 σ^2 という2つの**母数**を用いて，正規分布は表現されています．

注意：正規分布 $N(\mu, \sigma^2)$ に従う確率変数 X は，$E(X) = \mu$, $Var(X) = \sigma^2$．

4.4.2 標準正規分布 $N(0,1)$

母平均が 0 で母分散が 1 である正規分布は，**標準正規分布**と呼ばれます．標準正規分布に従う確率変数 X に対しては，その上側確率 $(X > a)$ を巻末に「付表1　標準正規分布表」として与えています．この付表と次の定理を用いると，すべての正規分布の上側確率を，下記に示す例題 4.1 の真似をすれば求めることができます．

定理 4.2　X が $N(\mu, \sigma^2)$ に従うとき，$U = \dfrac{X-\mu}{\sigma}$ は $N(0,1)$ に従う．一般的に，確率変数 X に対し $U = \dfrac{X-\mu}{\sigma}$ を考えることを**標準化**という．

例題 4.1（上側確率の計算例）　ある人の通学時間 X は，母平均が 20 分，母分散が $(2 分)^2$ の正規分布に従っていると仮定する．ある日，予定の 22 分前に家を出たとき，遅刻する確率 P を求めよ．

4.4 正規分布と指数分布

計算例 求める確率 P は $P(X > 22)$ である．定理 4.2 より，$U = \frac{X-20}{2}$ は標準正規分布に従う．ここで，$X > 22$ と $U = \frac{X-20}{2} > \frac{22-20}{2} = 1.0$ は，同じ事象であるから，確率は同じとなる．付表 1 より，標準正規分布に従う確率変数の 1.0 より大きくなる確率（上側確率）は，0.1587 とわかるので，遅刻する確率は約 16% である．

付表 1 に一覧表で与えられている値は，標準正規分布の上側確率が α である値であり，**分位点**と呼ばれます．記号としては，$u(\alpha)$ と表現されます．上の計算例では，$u(0.1587) = 1.0$ です．私たちが興味をもつのは，上側確率（上の例では遅刻する確率）が 0.025 のときの値で，$u(0.025) = 1.960$ は**上側 2.5%点**と呼ばれ，特に有名です．

分位点：Z が $N(0,1)$ に従うとき，$P(Z > c) = \alpha$ となる $c = u(\alpha)$．

4.4.3 一様分布 $U(a,b)$

4.1 節で紹介した仮想ルーレットを，一般化します．区間 (a,b) に均一に起こる可能性が広がっているとき，以下のような密度関数が想定できます．

$$f(x) = \begin{cases} \dfrac{1}{b-a} & a < x < b \\ 0 & a \leqq x,\ x \leqq b \end{cases}$$

このような分布を，**一様分布**といい，$U(a,b)$ と表現します．このとき，母平均と母分散は，以下のようになります（章末問題 4 参照）．

$$E(X) = \frac{a+b}{2},\quad Var(X) = \frac{(b-a)^2}{12}$$

4.4.4 指数分布（寿命データの分布）$Ex(\lambda)^*$

私たちが観測するデータには，故障時刻のデータなどの寿命データがあります．この寿命分布で，最も中心的な役割を果たすのが，指数分布です．指数分布には，無記憶性，危険率が一定，という極めて重要な 2 つの性質があり，寿命分布の最も基本的な分布となります．なお，この分布は故障するまでの時間の分布なので，確率変数が 0 以上の値しか取りません．また，この分布は λ という**母数**（母集団を決める定数）をもっています．

確率変数 X の密度関数が次の式で与えられるとき，その分布を，母数 λ の**指数分布**といいます．

$$f(x) = \lambda e^{-\lambda x},\quad x \geqq 0 \quad (\lambda > 0)$$

このとき，分布関数は，次のようになります．

$$F(x) = 1 - e^{-\lambda x},\quad x \geqq 0$$

母平均と母分散は,以下のようになります.

$$E(X) = \frac{1}{\lambda}, \quad Var(X) = \frac{1}{\lambda^2}$$

例題 4.2 母数 λ の指数分布の母平均と母分散を求めよ.

解答例:母平均の定義 (4.5) 式を用いる.ただし,密度関数 $f(t)$ は $t<0$ の範囲ではゼロであるので,$(0,\infty)$ の区間のみで積分すればよい.

$$E(X) = \int_0^\infty t f(t)dt = \int_0^\infty t\lambda e^{-\lambda t}dt = \left[-te^{-\lambda t}\right]_0^\infty + \int_0^\infty e^{-\lambda t}dt = \frac{1}{\lambda}$$

$$E(X^2) = \int_0^\infty t^2\lambda e^{-\lambda t}dt = \left[-t^2 e^{-\lambda t}\right]_0^\infty + 2\int_0^\infty te^{-\lambda t}dt = \frac{2E(X)}{\lambda} = \frac{2}{\lambda^2}$$

よって,$Var(X) = E(X^2) - \{E(X)\}^2 = \frac{2}{\lambda^2} - \left(\frac{1}{\lambda}\right)^2 = \frac{1}{\lambda^2}$.

さらに,この指数分布には,下記の2つの性質があります(章末問題4参照).

[性質]　1)　$P(X < h+t | X > t) = P(X < h), \quad h,t > 0$ [無記憶性]
　　　　2)　$\dfrac{f(t)}{1-F(t)}$ が一定(λ)　　[危険率が一定]

コラム 4.4　危険率とは？

「危険率」とは,密度関数 $f(t)$ と分布関数 $F(t)$ を用いて次の式で定義される.

$$\text{危険率}: \lambda(t) := \frac{f(t)}{1-F(t)} \tag{4.9}$$

分母の $1-F(t)$ が $P(X>t)$ であるから「(生き残っている確率分の)瞬間死亡率」と解釈することができる.一般的にいって,故障データの分布は,初期故障(最初は壊れやすい)や,摩耗故障(古くなって壊れやすくなる)があり,故障率が一定とはならない.故障率が一定であるのは,初期故障の原因が解明され,偶然に起因する故障のみになった時期に現れる.人間に例えると,初期故障は乳幼児死亡率に相当し,摩耗故障は加齢による死亡率の上昇を表す.指数分布は,この危険率が一定である,非常に均一な寿命分布である.

4.5　2次元の連続型確率変数 *

1) 同時密度関数とは

4.5 2次元の連続型確率変数 *

2つの連続型確率変数 (X,Y) は，次のような3つの性質を満たす $f(x,y)$ を用いて定義されます．このとき，$f(x,y)$ は，(X,Y) の**同時密度関数**といいます．

$$\begin{cases} f(x,y) \geqq 0, \quad \int_{-\infty}^{\infty}\int_{-\infty}^{\infty} f(x,y)dxdy = 1, \\ P(a<X<b, \quad c<Y<d) = \int_a^b \left\{ \int_c^d f(x,y)dy \right\} dx. \end{cases} \quad (4.10)$$

2) 周辺密度関数とは

また，$P(a<X<b)$ のような X だけで表現される事象の確率は，

$$P(a<X<b) = P(a<X<b, \ -\infty<Y<\infty) = \int_a^b \left\{ \int_{-\infty}^{\infty} f(x,y)dy \right\} dx$$

のように計算されます．ここで，内側の積分は，a,b が変わっても一定ですので，

$$f_1(x) = \int_{-\infty}^{\infty} f(x,y)dy \tag{4.11}$$

とおくと，$P(a<X<b) = \int_a^b f_1(x)dx$ と計算できます．そこで，この $f_1(x)$ のことを X の**周辺密度関数**といいます．この周辺密度関数は，X だけの関数の期待値の計算のときにも用いることができます．また，Y に関しても同様に，

$$f_2(y) = \int_{-\infty}^{\infty} f(x,y)dx \tag{4.12}$$

のことを，Y の**周辺密度関数**といいます．

3) 独立性とは

2つの連続型確率変数 X,Y が，**互いに独立** $(X \perp\!\!\!\perp Y)$ であるとは，すべての x,y に対して，次の式が成り立つことで定義します．

$$f(x,y) = f_1(x)f_2(y) \tag{4.13}$$

離散型でも連続型でも，「独立とは，同時が周辺の積」と覚えましょう．

4) 期待値，母共分散，母相関係数とは

2次元の連続型確率変数の期待値は，離散型と同様に次の式で計算されます．

$$E\{h(X,Y)\} = \int_{-\infty}^{\infty}\int_{-\infty}^{\infty} h(x,y)f(x,y)dxdy$$

また，**母共分散，母相関係数**は，離散型と同様に以下の式で定義します．

母共分散：$Cov(X,Y) = E[(X-\mu_x)(Y-\mu_y)] = E(XY) - \mu_x\mu_y$ (4.14)

母相関係数：$\rho = \rho(X,Y) = \dfrac{Cov(X,Y)}{\sigma_x \sigma_y}$ (4.15)

離散型と同様に，この母相関係数も $-1 \leq \rho \leq 1$ を満たします．また，独立な場合は母共分散はゼロとなり，以下の定理 4.3～4.5 が成り立ちます．

定理 4.3 独立な確率変数 X, Y の共分散はゼロとなる．

2 つの確率変数の和の分散は，以下のように個々の分散と共分散で求められます．

定理 4.4 $Var(X + Y) = Var(X) + Var(Y) + 2Cov(X, Y)$

さらに，独立な場合は次の性質が成り立ちます．これを**分散の加法性**といいます．

定理 4.5：分散の加法性 X, Y が独立のとき，次の式が成り立つ．

$$Var(X + Y) = Var(X) + Var(Y)$$

4.6 まとめ

連続量をとる確率変数は，**連続型確率変数**といい，ある区間における密度関数の積分値で確率を定義します．それゆえに，$f(x)dx$ を「**カクリツ**」と呼んで，期待値は，取り得る値と「カクリツ」の積和と考えます．

最も重要な連続型分布は，**正規分布**です．これは**標準化** $(U = \frac{X-\mu}{\sigma})$ して，標準正規分布に変換できます．また，2 次元の連続型確率変数の場合も，**独立性**が「同時が周辺の積」として定義されます．独立なら**無相関**であることは，離散型と同様に成り立ちます．

章末問題 4

1*. 実数は並べられない，ということを対角線論法を使って示せ．

方針：背理法を用いて，$[0, 1)$ の実数が並べられたと仮定して，i 番目の実数の小数点以下 i 桁目を対角線上に調べて矛盾を導きます．

2. X が一様分布 $U(0, 1)$ のとき，$Y = -\log X$ は指数分布 $Ex(1)$ に従うことを示せ．

3. 一様分布 $U(a, b)$ に従う確率変数 X の母平均と母分散を求めよ．

$$E(X) = \frac{a+b}{2}, \quad Var(X) = \frac{(b-a)^2}{12}$$

4. X が指数分布 $Ex(\lambda)$ に従うとき，以下の性質を示せ．

1) $P(X < h + t | X > t) = P(X < h), \quad h, t > 0$
2) $\dfrac{f(t)}{1 - F(t)} = \lambda$

第5章 離散型確率変数

―― (この章のポイント) ――
1) 積率母関数は分布を決める.
2) 独立な試行が不良個数の分布をもたらす.
3) その極限が,キズの数の分布をもたらす.

―――― 理子と数也の会話 ――――
理子:今日は離散型の話らしいね.
数也:離散型といえば,**不良個数の分布**がわかればいいみたい.
理子:そうなん？ ところで,**積率母関数**って,何？
数也:これが決まると,分布がわかるんやて.
理子:よくわかんないね.しかも,t の関数なの？
数也:でも,和の分布と元の分布が似てるかどうか,スッキリするらしいよ.
理子:へえ〜.でも,何で和の分布を調べんの？
和也:なんでやろ.統計量がデータの関数で,関数といえば「和」なのかな.

この章では,積率母関数を用いて,二項分布とポアソン分布の性質を整理します.まず 5.1 節で,積率母関数の定義を述べることから始めましょう.5.2 節, 5.3 節では,比率データの分布である二項分布とその準備としてのベルヌーイ試行を,5.4 節では単位面積当たりのキズの分布であるポアソン分布を紹介します.

また,これらの分布には「再生性」という性質があります.再生性とは,元のデータの分布が同じなら和の分布も同じ,という性質です.これを 5.5 節で扱います.最後に 5.6 節では,多次元の離散分布として,二項分布の多次元版である 3 項分布や多項分布を紹介します.

5.1 積率母関数

確率変数の分布を調べることは,母平均 μ,母分散 σ^2 を調べることから始まります.ここで,$\mu = E(X)$, $\sigma^2 = E(X^2) - \{E(X)\}^2$ より,$E(X)$, $E(X^2)$ がわかれば十分です.これらの元となっている次の t の関数を考えます.

$$M_X(t) = E\left(e^{tX}\right) \tag{5.1}$$

この関数は，確率変数 X の**積率母関数**といわれます．この積率母関数は，t で微分して $t=0$ を代入すると，以下の理由により $E(X)$ となります．

証明：e^{tX} を t で微分すると，Xe^{tX} となる．この期待値は，

$$M'_X(t) = E\left(Xe^{tX}\right) = \int_{-\infty}^{\infty} xe^{tx}f(x)dx$$

であり，$t=0$ を代入すると $M'_X(0) = \int_{-\infty}^{\infty} xf(x)dx = E(X)$ とわかる． **証明終**

この積率母関数を t で 2 回微分して $t=0$ を代入すると，$M''_X(0) = E(X^2)$ となります．このように，t で r 回微分して，$t=0$ を代入すると，$E(X^r)$ が得られます．この $E(X^r)$ は **r 次の積率**（moment）であり，$M_X(t)$ は**積率のお母さん**と思えます．積率母関数（英語名：Moment generating function）と呼ばれているのは，このためです．

$$r \text{ 次の積率}: M_X^{(r)}(0) = E(X^r) \tag{5.2}$$

この積率母関数は，積率の情報をすべてもっているので，確率分布の情報をもっていると考えられます．今後は「**積率母関数がわかると確率分布がわかる**」と考えて，いつでも積率母関数を求めることを目標にします．

私たちは，標本平均や平方和のような統計量の振る舞いを知りたいと考えています．このため，確率変数の和の分布に興味をもつことは多いです．そんなとき，次の定理が有効です．

定理 5.1 2 つの確率変数 X, Y が独立とする．このとき，和 $U = X + Y$ の積率母関数は，各々の積率母関数の積となる．

$$M_U(t) = M_X(t)M_Y(t) \tag{5.3}$$

証明：まず，$M_U(t) = E(e^{tU}) = E(e^{t(X+Y)}) = E(e^{eX}e^{tY})$ である．ここで，章末問題 3 の 3 番より，定理 3.1 の証明の真似をすれば「独立なら積の期待値は期待値の積」が示せる．したがって，$M_U(t) = E(e^{eX}e^{tY}) = E(e^{eX})E(e^{tY})$ となる． **証明終**

5.2 ベルヌーイ試行

まず，0 と 1 が無限個あり，1 の比率が p, 0 の比率が $q = 1 - p$ であるとします．この無限母集団から，大きさ n の標本 $(X_1, \cdots, X_n)$ を独立に取ります．この試行を，**ベルヌーイ試行**といいます．

$$X_i = \begin{cases} 1 & \text{確率 } p \\ 0 & \text{確率 } q \end{cases}$$

このとき，$k_i = 0, 1$ として，同時事象 $\{X_1 = k_1, \cdots, X_n = k_n\}$ の確率である同時確率関数を計算すると，以下のようになります．

$$P(X_1 = k_1, \cdots, X_n = k_n) = P(X_1 = k_1) \times \cdots \times P(X_n = k_n)$$
$$= p^{k_1} q^{1-k_1} \times \cdots \times p^{k_n} q^{1-k_n}$$
$$= p^k q^{n-k} (ただし，k = \sum_{i=1}^{n} k_i とする．)$$

つまり，何回目に 1 が出るかではなく，n 回のうち「何回 1 が出たか」という回数 k だけで確率が決まることがわかります．では，n 回のうち，k 回 1 が出るという事象の確率は，どうなるでしょうか？　次節では，

$$X = X_1 + \cdots + X_n$$

の分布を求めてみます．

5.3　二項分布 $B(n,p)$

生産個数が決まっている製品において，各々の製品が独立に作られていて偶然の原因によってのみ不良品になるとすれば，不良品の出方は前節で紹介した「ベルヌーイ試行」における「1」の出方と同じです．このベルヌーイ試行における「1」の数の分布を，**二項分布**といい，$B(n,p)$ と表現します．つまり，不良品の個数の分布も二項分布になります．

コラム 5.1　二項分布は，ベルヌーイ試行と同じ？　それとも違う？

二項分布は，ベルヌーイ試行とは異なる．確率関数で比べると，二項分布がベルヌーイ試行の ${}_nC_k$ 倍になる．しかし，二項分布はベルヌーイ試行の「1」の数である．それなのに，なぜこのような相違が生れるのだろうか．

例えば，$n = 3$ のベルヌーイ試行があり，$X = 1$ という事象を考えると，この事象は，$(X_1, X_2, X_3) = (1,0,0), (0,1,0), (0,0,1)$ という 3 つの場合が起こりうる．しかも，前節で議論したように，3 つの事象はともに 1 回 1 が出るので，その確率は，いずれも $p^1 q^2$ と一定である．さらに，これら 3 つの事象が互いに排反であることから $P(X = 1) = 3pq^2$ とわかる．

$$P(X = 1) = P\{(X_1 = 1, X_2 = 0, X_3 = 0)\} + P\{(X_1 = 0, X_2 = 1, X_3 = 0)\}$$
$$+ P\{(X_1 = 0, X_2 = 0, X_3 = 1)\} = pq^2 + pq^2 + pq^2 = 3pq^2$$

二項分布に従う確率変数 X の確率関数は，次の式で求められます．

$$P(X=k) = p_k = {}_nC_k p^k q^{n-k}, \quad k = 0, 1, \cdots, n \quad (0 < p < 1) \tag{5.4}$$

ただし，${}_nC_k = \dfrac{n(n-1)\cdots(n-k+1)}{k!}$

一般的に，二項分布 $B(n,p)$ に従う確率変数 X が k である事象は，互いに排反な ${}_nC_k$ 個の事象の集まりで表現できます．しかも，これらの確率は，いずれも $p^k q^{n-k}$ と計算できるので，その事象の個数倍が二項分布の確率関数になります．

また，積率母関数は，定理 5.1 を用いると簡単に求めることができます．

定理 5.2 X が二項分布 $B(n,p)$ に従うとき，$M_X(t) = (pe^t + q)^n$ である．

証明：ベルヌーイ試行の各 X_i はすべて同じ分布で，

$$M_{X_i}(t) = E(e^{tX_i}) = pe^{1 \times t} + qe^{0 \times t} = pe^t + q$$

と計算できる．したがって，定理 5.1 より，X の積率母関数はこれらの n 個の積となり，$M_X(t) = (pe^t + q)^n$ とわかる． 　　　　　　　　　　　　　　証明終

母平均と母分散は，定理 3.4 より，以下のようになります（章末問題 5 参照）．

$$\text{母平均}：E(X) = E(X_1) + \cdots + E(X_n) = np$$
$$\text{母分散}：Var(X) = Var(X_1) + \cdots + Var(X_n) = npq \tag{5.5}$$

5.4　ポアソン分布 $Po(\lambda)$

単位時間当たりの事故件数や，単位面積当たりのキズの数は，どのような分布に従うでしょうか？　例えば，$1m^2$ 当たり 2 個程度のキズが発生する場合，この面積を半分にすると，キズの個数も半分の 1 個になることが期待されます．この面積をもっと細かく n 等分すると，1 つのピースにキズがある（不良品になる）可能性 p は $2/n$ になると考えられます．

このように，サンプルサイズ n を大きくするときに同時に不良率 p を小さくし，かつ，$np = \lambda(=2)$ のように一定に変化させるとき，元の大きなピースにおけるキズの数は，二項分布 $B(n,p)$ における「不良個数の極限」と考えられます．この単位面積当たりのキズの数の分布を，**ポアソン分布**といい，$Po(\lambda)$ と表現します．キズの数の分布なので，**欠点数の分布**と呼ばれることもあります．放射線の放出現象や単位時間当たりの事故件数のように，稀にしか起きない現象を大量に観測したデータ（**稀現象の大量観測**）もポアソン分布に従います．

具体例：単位時間当たりの事故件数．単位面積当たりのキズの数．
注意：同じ事故でも，事故による「死亡者数」は，ポアソン分布に従わない．
理由：1件の事故で複数の方が亡くなることがあり，独立性が成り立たないから．

母欠点数 λ のポアソン分布 $Po(\lambda)$ に従う確率変数 X の確率関数 p_k は，次の式で与えられます．（章末問題5参照）

$$P(X=k) = p_k = e^{-\lambda}\frac{\lambda^k}{k!}, \quad k=0,1,2,\cdots \quad (\lambda > 0) \tag{5.6}$$

ポアソン分布の積率母関数は，次のようになります．

定理 5.3 X がポアソン分布 $Po(\lambda)$ に従うとき，$M_X(t) = \exp\{\lambda(e^t - 1)\}$ である．

また，母平均と母分散は以下のように求めることができます．

$$母平均：E(X) = \lambda$$
$$母分散：Var(X) = \lambda \tag{5.7}$$

補足：二項分布で，$np = \lambda(>0)$ を一定にして，$n \to \infty(p \to 0)$ の極限を考えると，ポアソン分布 $Po(\lambda)$ に近づく．

5.5 分布の再生性 *

5.5.1 二項分布の再生性

2つの確率変数 X と Y は独立で，各々，二項分布 $B(m,p)$, $B(n,p)$ に従うとします．このとき，この2つの確率変数の和 $U = X + Y$ の分布を考えましょう．

コラム 5.2 二項分布の和は再び二項分布！
サイコロを20回振って「1の目」が出る回数を X とし，更に30回同じサイコロを振って「1の目」が出る回数を Y としよう．これらは，いずれも二項分布 $B(20, 1/6)$, $B(30, 1/6)$ に従う．このとき，これらの合計 $U = X + Y$ は二項分布 $B(20+30, 1/6)$ に従うことは当たり前である．

積率母関数を用いると，U が再び二項分布であることは，以下の4つのステップで示せます．

ステップ 1：X が $B(m,p)$ に従うとき，$M_X(t) = (pe^t + q)^m$ である．
ステップ 2：Y が $B(n,p)$ に従うとき，$M_Y(t) = (pe^t + q)^n$ である．
ステップ 3：X と Y が独立ならば，$M_{X+Y}(t) = M_X(t)M_Y(t)$ が成り立つ．

ステップ4：$U = X + Y$ の積率母関数 $M_{X+Y}(t) = (pe^t + q)^{m+n}$ である.

まず，ステップ1と2は，定理5.2からわかります．次に，ステップ3は，定理5.1からわかります．最後のステップ4は，3つの等式を用いて，次のように示せます．

証明：$X \perp\!\!\!\perp Y$ ゆえ，$M_U(t) = M_{X+Y}(t) = M_X(t)M_Y(t)$ である．ここで，X が $B(m, p)$ に従うから，$M_X(t) = (pe^t + q)^m$ であり，さらに，Y が $B(n, p)$ に従うから，$M_Y(t) = (pe^t + q)^n$ も成り立つ．よって，次の式が導かれる．

$$M_U(t) = (pe^t + q)^{n_1}(pe^t + q)^{n_2} = (pe^t + q)^{n_1 + n_2}$$

証明終

このことから，$U = X + Y$ は，二項分布 $B(m + n, p)$ に従うと解釈することができます．このように，ある分布に従う確率変数の和の分布が，再び，同じ分布に従う性質を，**分布の再生性**といいます．

定理5.4（二項分布の再生性） 確率変数 X と Y は独立で，各々，二項分布 $B(m, p)$, $B(n, p)$ に従うとき，和 $U = X + Y$ は，二項分布 $B(m + n, p)$ に従う．

注意：同じ比率 p でなければ，再生性は成り立たない！

5.5.2 ポアソン分布の再生性 *

2つの確率変数 X と Y は独立で，各々，ポアソン分布 $Po(\lambda)$, $Po(\mu)$ に従うとします．このとき，この2つの確率変数の和 $U = X + Y$ の分布がポアソン分布 $Po(\lambda + \mu)$ に従うことを，以下の4つのステップで示します．

ステップ1：X が $Po(\lambda)$ に従うとき，$M_X(t) = \exp\{\lambda(e^t - 1)\}$ である．
ステップ2：Y が $Po(\mu)$ に従うとき，$M_Y(t) = \exp\{\mu(e^t - 1)\}$ である．
ステップ3：X と Y が独立ならば，$M_{X+Y}(t) = M_X(t)M_Y(t)$ が成り立つ．
ステップ4：$U = X + Y$ の積率母関数 $M_{X+Y}(t) = \exp\{(\lambda + \mu)(e^t - 1)\}$ である．

これらは，二項分布のときと同様に導けます（章末問題5参照）．このことから，$U = X + Y$ は，ポアソン分布 $Po(\lambda + \mu)$ に従うと解釈できます．

定理5.5（ポアソン分布の再生性） 確率変数 X と Y は独立で，各々，ポアソン分布 $Po(\lambda)$, $Po(\mu)$ に従うとき，和 $U = X + Y$ はポアソン分布 $Po(\lambda + \mu)$ に従う．

5.6 多次元離散分布 *

5.6.1 現実データと二項分布

現実のデータの話をしましょう．最初に，2つのコラムを紹介します．

> **コラム 5.3 ライバル校との対戦成績は，二項分布？**
> 　例えば，ライバル校との定期戦において，相手チームとの勝敗結果は二項分布に従うだろうか？ そもそも，勝率 p は年々変化するし，一部のメンバーは共通すると考えれば直前の年の結果と無関係ともいえない．つまり，現実に得られたデータは，ぴったり二項分布に従うわけではない．
> 　ではなぜ，我々は，二項分布を勉強するのか？ 近似的に，比率 p が大きく変化せず，独立である場合が想定できるからである．(→ **コラム 5.4 に続く**)

> **コラム 5.4 工程異常は，どうやって見つける？**
> 　よく管理された工場での製品の不良品の出方は，不良品の出る率（不良率）が一定で，かつ，不良の出方にクセがない，つまり独立であると考えられる．そこで，これらの確率は二項分布を前提として計算され，これからずれているデータには何らかの原因があると考えて対策を試みる，というアプローチが**品質管理**として行われる．これは，第 9, 10 章で紹介する**検定**にもつながる考え方である．

このように，確率変数の独立性を理解して，二項分布がその前提に立って得られている分布であるという認識は，大変重要です．では，二項分布さえ理解していれば十分でしょうか？ 現実のデータは，そもそも，工業製品のように良品か不良品か，2つに分類できる場合ばかりとは限りません．例えば，天気予報であれば，晴れか雨だけではなく，曇や雪など3つ以上の分類があります．このような場合には，ベルヌーイ試行から導かれる二項分布だけでは対処できません．次節では，3つの分類がある場合に対応する分布を紹介します．

5.6.2 3項分布 $M(n; p_1, p_2, p_3)$

3個の排反な事象（共通部分のない）A_1, A_2, A_3 を考えます．1回の試行で A_i が選ばれる確率を $p_i (p_1 + p_2 + p_3 = 1)$ とします．このような試行を n 回繰り返すときの

A_i の回数を X_i とします．$(a_1, a_2, a_3 \geq 0,\ a_1 + a_2 + a_3 = n$ とする．$)$

$$P(X_1 = a_1, X_2 = a_2, X_3 = a_3) = \frac{n!}{a_1! a_2! a_3!} p_1^{a_1} p_2^{a_2} p_3^{a_3} \tag{5.8}$$

この確率関数で与えられる確率変数 (X_1, X_2, X_3) の分布を **3項分布** といいます．この3項分布の周辺分布は二項分布になることが知られています．

定理 5.6　$(X_1, X_2, X_3) \sim M(n; p_1, p_2, p_3)$ のとき X_1 の周辺分布率は $B(n, p_1)$．

略証：$\{X_1 = a_1\}$ という事象は，$(X_1, X_2) = (a_1, 0), (a_1, 1), \cdots, (a_1, n-a_1)$ という事象の和である．ここで，$m = n - a_1$ とおくと，これらの事象は，$B(m, \frac{p_2}{p_2+p_3})$ という二項分布の確率関数の和に対応している．　　　　　　　　　　　　　　略証終

5.6.3 多項分布 $M(n; p_1, \cdots, p_k)$

3項分布を一般化した**多項分布**を紹介します．k 個の排反な事象 $A_1, \cdots, A_k$ に対して，1回の試行で A_i が選ばれる確率を $p_i (p_1 + \cdots + p_k = 1)$ とします．このような試行を n 回繰り返すときの A_i の回数 X_i は，以下の確率関数となります．

$$P(X_1 = a_1, \cdots, X_k = a_k) = \frac{n!}{a_1! \cdots a_k!} p_1^{a_1} \cdots p_k^{a_k}, \quad a_i \geq 0, \quad \sum_{i=1}^{k} a_i = n$$

5.7 まとめ

分布を特定するには，積率母関数が有効です．これがわかれば，母平均や母分散が導けます．離散型分布の最も重要な分布は二項分布です．これは互いに独立な試行（ベルヌーイ試行）から導かれます．単位時間に起こる事象の数は，ポアソン分布に従います．二項分布やポアソン分布には再生性があります．再生性とは，2つの独立なある分布に従う確率変数があるとき，これらの和も元の分布に従うことをいいます．分布理論は，この再生性を軸に展開していきます．

章末問題 5

1. X が二項分布 $B(n, p)$ に従うとき，積率母関数が $M_X(t) = (pe^t + q)^n$ であることを用いて，母平均と母分散を求めよ．
2. 定理 5.3 を次の**等式**：$e^A = \sum_{k=0}^{\infty} \frac{A^k}{k!} = 1 + \frac{A^1}{1!} + \frac{A^2}{2!} + \cdots$ を用いて示せ．
3*. (5.4) 式で与えられる二項分布の確率関数 p_k を，$np = \lambda (> 0)$ を一定に $n \to \infty$ とした場合の極限が (5.6) 式となることを示せ．
4*. ポアソン分布の再生性を示せ．

第6章　確率変数の関数の分布

―（この章のポイント）――
1) 確率変数の関数の分布は，変数変換の公式で求められる．
2) いくつかの場合，和の分布は再生性から求められる．
3) データ数を増やすと，標本平均が母平均に，さらに正規分布に近づく．

―――――― 理子と数也の会話 ――――――
数也：今回はデータの関数を調べるみたいやね．
理子：前回みたいに，積率母関数で再生性を示すんかなあ．
数也：**標本**（データ）を使って，**母集団**（興味の対象）に迫るんやね．
理子：私，データには，特に興味ないんやけどな〜．
数也：でも，どうやったら**モテる**ようになるかとか，やったら…？
理子：うん，それやったら興味ある！
数也：それが母集団やとすると，モテるためには理子もデータ，取るでしょ！
理子：取る！　当たり前やん．
数也：それって，統計学，そのものじゃない．

　この章では，データの集まりである標本について考えます．まず，6.1 節では標本について，6.2 節ではその関数についての一般論を紹介し，6.3 節では，これらを用いて正規分布の性質の理由を解説します．
　後半では，6.4 節で分布理論の中核をなす再生性を，6.5 節では多数のデータを独立に取ると情報が増えることを 2 つの定理を用いて説明します．なお，正規分布の多次元版を用いて「独立性と無相関性の関係」の最終決着となる定理も紹介します．

6.1　標本とは

6.1.1　データを適用する場面

　データは，さまざまな場面で有効です．例えば，世の中に「占い」の種は尽きません．一般的に，過去のデータを分析したといわれている占いは多いですが，そのデータは果たして客観的に取られたデータでしょうか？
　いずれにせよ，仮説を立て，これに対応するデータを取って検証することで，合理

的な判断をしていく方法論が，検定と推定です．私たちは後半で，連続量，比率，2次元，多群のデータに対していくつかの方法論を展開するのですが，このためには，

1) データをどうまとめるか
2) データの関数の分布はどうなっているか

という客観的な事実が必須です．この章と次の章では，これらを解説します．

このため，私たちの興味は標本分布となります．標本とは，調査対象の母集団から取り出したデータのことで，具体的には $(x_1, x_2, \cdots, x_n)$ のことです．

私たちは最初に「データのみから客観的（かつ合理的）に判断する」ことを宣言しました．つまり，標本だけからすべての判断をすると考えて下さい．

6.1.2 標本とその実現値

ここで，標本とその実現値という言葉の違いを説明します．まず，サイコロを振る前に，その出る目 X を考えると，これは確率変数となります．その後，サイコロを実際に振ると，何かの目が出ます．これを実現値といい，x で表現します．

一般的に，複数の確率変数を考えたとき，**標本**とは，$(X_1, X_2, \cdots, X_n)$ のように大文字で表現される確率変数で，データを取る前を想定しており，分布をもっています．これに対して，**標本の実現値**とは，$(x_1, x_2, \cdots, x_n)$ のように小文字で表現される値で，確率変数とは考えません．

6.2 確率変数の関数の分布 *

この節では，連続型確率変数が1次元の場合，2次元の場合の変数変換の公式を紹介します．次章に導入される t 分布と F 分布の密度関数を求めるためには，この節の定理が必要です．しかし，分布理論の概要を理解するためには，必須ではありません．

6.2.1 1次元の場合の変数変換公式

1次元の変数変換公式は，第4章の定理 4.1 で紹介しました．

定理 4.1：変数変換公式：再掲載 確率変数 X の密度関数が $f(x)$ とする．一対一の変換 $Y = h(X)$ で決まる確率変数 Y の密度関数 $g(y)$ は以下の式で表される．

$$g(y) = f(t(y))|t'(y)| \quad \text{ただし } x = t(y) \text{ は } y = h(x) \text{ の逆関数．} \tag{4.7}$$

6.2.2 2次元の場合の変数変換公式

2 変数 x, y と一対一の u, v を $u = \phi_1(x, y)$，$v = \phi_2(x, y)$ とおき，これを逆に解いたものを，$x = \psi_1(u, v)$，$y = \psi_2(u, v)$ とおくと，以下の定理が成り立ちます．

定理 6.1：変数変換公式 (X,Y) は 2 次元確率変数で，ある領域 A で密度関数 $f(x,y)$ をもつとする．ここで，$U = \phi_1(X,Y)$, $V = \phi_2(X,Y)$ が一対一であれば，ある領域 B で (U,V) の密度関数 $h(u,v)$ は次の式で求められる．

$$h(u,v) = f(\psi_1(u,v), \psi_2(u,v))|J| \tag{6.1}$$

ただし，J はヤコビアン．$J = \det \begin{pmatrix} \dfrac{\partial x}{\partial u} & \dfrac{\partial x}{\partial v} \\ \dfrac{\partial y}{\partial u} & \dfrac{\partial y}{\partial v} \end{pmatrix} = \dfrac{\partial x}{\partial u}\dfrac{\partial y}{\partial v} - \dfrac{\partial x}{\partial v}\dfrac{\partial y}{\partial u}$

証明：省略（この定理は，解析学の重積分の内容であり，本書では割愛します．）

この定理を用いると，$U = X+Y$ の分布は，以下のように求められます．

定理 6.2 (X,Y) の同時密度が $f(x,y)$ のとき，$U = X+Y$ の密度は次の式で与えられる．

$$g(u) = \int_{-\infty}^{\infty} f(t, u-t) dt \tag{6.2}$$

証明：定理 6.1 で $U = X+Y$, $V = X$ と考えて同時密度 $h(u,v)$ を求めると $|J| = 1$ となる．この $U = X+Y$ の周辺密度 $h_1(u)$ を考えればよい． **証明終**

6.3 正規分布の性質 *

6.3.1 正規分布の密度関数の根拠

正規分布の密度関数は，本当に全区間で積分すると 1 になっているのでしょうか？前節で紹介した定理 6.1 を用いると，次の定積分が求められます．

定理 6.3 $\quad I_1 = \displaystyle\int_0^\infty e^{-x^2} dx = \dfrac{\sqrt{\pi}}{2} \tag{6.3}$

証明：まず，$I_1^2 = \displaystyle\int_0^\infty \int_0^\infty e^{-x^2-y^2} dx\, dy$ について極座標変換を行うと，

$x = r\cos\theta,\ y = r\sin\theta$ より，$J = \begin{vmatrix} \cos\theta & -r\sin\theta \\ \sin\theta & r\cos\theta \end{vmatrix} = r$, $|J| = r$. ゆえに，

$$I_1^2 = \int_0^{\pi/2} d\theta \int_0^\infty re^{-r^2} dr = \Big[\theta\Big]_0^{\pi/2} \left[\dfrac{e^{-r^2}}{-2}\right]_0^\infty = \dfrac{\pi}{2} \times \left(\dfrac{0-1}{-2}\right) = \dfrac{\pi}{4} \quad \textbf{証明終}$$

(6.3) 式と変数変換公式（定理 4.1）を用いることで，以下の 2 つの定理を導くことができます．これらによって，密度関数を全区間で積分すると 1 であることがわかります（章末問題 6 参照）．

定理 6.4　標準正規分布 $N(0,1)$ の密度関数 $\phi(y)$ は，全区間で積分すると 1 になる.

定理 6.5　一般の正規分布 $N(\mu, \sigma^2)$ の密度関数も，全区間で積分すると 1 になる.

6.3.2　正規分布の積率母関数

では，積率母関数は，どうなるでしょうか？　これも「全確率が 1」の式を用いると計算することができます．

定理 6.6　正規分布の積率母関数は，次の式となる．

$$M_X(t) = \exp\left(\mu t + \frac{1}{2}\sigma^2 t^2\right) \tag{6.4}$$

証明：まず，$M_X(t) = E(e^{tX}) = \int_{-\infty}^{\infty} e^{tx} \frac{1}{\sqrt{2\pi}\sigma} \exp\left\{-\frac{(x-\mu)^2}{2\sigma^2}\right\} dx$ である．

ここで被積分関数の，exp の中身の次の x の 2 次式を平方完成する．

$$tx - \frac{(x-\mu)^2}{2\sigma^2} = -\frac{(x-\mu)^2 - 2\sigma^2 tx}{2\sigma^2} = -\frac{x^2 - 2(\mu + \sigma^2 t)x + \mu^2}{2\sigma^2}$$

よって，

$$M_X(t) = \exp\left(\mu t + \frac{1}{2}\sigma^2 t^2\right) \times \int_{-\infty}^{\infty} \frac{1}{\sqrt{2\pi}\sigma} \exp\left\{-\frac{(x-\mu-\sigma^2 t)^2}{2\sigma^2}\right\} dx$$

この積分は，$N(\mu + \sigma^2 t, \sigma^2)$ の密度関数の積分なので 1 である． **証明終**

6.3.3　正規分布の母平均と母分散

積率母関数を用いて，$E(X)$, $E(X^2)$ を求めることで，4.4 節で述べた母平均と母分散が確認できます（章末問題 6 参照）．

定理 6.7　X が $N(\mu, \sigma^2)$ に従うとき，$E(X) = \mu$, $Var(X) = \sigma^2$

6.3.4　2 次元正規分布 $N(\mu_x, \mu_y; \sigma_x^2, \sigma_y^2, \rho)$

その周辺分布が正規分布に従う 2 次元分布として，その密度関数が次式で与えられる **2 次元正規分布**があります．

$$f(x,y) = \frac{1}{2\pi\sigma_x\sigma_y\sqrt{1-\rho^2}} \times$$
$$\exp\left[-\frac{1}{2(1-\rho^2)}\left\{\frac{(x-\mu_x)^2}{\sigma_x^2} - 2\rho\frac{(x-\mu_x)(y-\mu_y)}{\sigma_x\sigma_y} + \frac{(y-\mu_y)^2}{\sigma_y^2}\right\}\right] \tag{6.5}$$

6.3 正規分布の性質 *

定理 6.1 より，$U = \dfrac{X - \mu_x}{\sigma_x}$, $V = \dfrac{Y - \mu_y}{\sigma_y}$ とおくと，(U, V) の密度関数は

$$g(u, v) = \frac{1}{2\pi\sqrt{1 - \rho^2}} \exp\left[-\frac{1}{2(1 - \rho^2)}\{u^2 - 2\rho uv + v^2\}\right]$$

です．ここで，2 つの関数 $g_1(u|v)$, $g_2(v)$ を，

$$g_1(u|v) = \frac{1}{\sqrt{2\pi(1 - \rho^2)}} \exp\left[-\frac{(u - \rho v)^2}{2(1 - \rho^2)}\right]$$

$$g_2(v) = \frac{1}{\sqrt{2\pi}} \exp\left(-\frac{v^2}{2}\right)$$

とおくと，$g(u, v) = g_1(u|v)g_2(v)$ となります．

この式を，u について $(-\infty, \infty)$ の範囲で積分すると，$g_2(v)$ になりますから，V の周辺密度関数は $N(0, 1)$ であることがわかります．このことと対称性から，

$$E(U) = 0, \quad Var(U) = 1, \quad E(V) = 0, \quad Var(V) = 1$$

が導けます．

また $E(UV)$ を求める際に，U の $g_1(u|v)$ での期待値が ρv ゆえ u で積分すれば，

$$E(UV) = \int_{-\infty}^{\infty} \int_{-\infty}^{\infty} uv g(u, v) du dv$$

$$= \int_{-\infty}^{\infty} v g_2(v) \left\{\int_{-\infty}^{\infty} u g_1(u|v) du\right\} dv = \int_{-\infty}^{\infty} v g_2(v) \Big\{\rho v\Big\} dv = \rho E(V^2) = \rho$$

のように求められます．これを，(X, Y) に戻すと，母平均，母分散，母共分散，母相関係数は以下のようになります．

$$E(X) = \mu_x, \quad E(Y) = \mu_y, \quad Var(X) = \sigma_x^2, \quad Var(Y) = \sigma_y^2, \qquad (6.6)$$
$$Cov(X, Y) = \rho \sigma_x \sigma_y, \quad \rho(X, Y) = \rho \qquad (6.7)$$

また，2 次元正規分布で母相関係数がゼロであれば，(6.5) 式で $\rho = 0$ と考えれば，密度関数が周辺密度関数の積となり，X と Y が独立となることがわかります．

定理 6.8 2 次元正規分布で $\rho = 0$ なら $X \perp\!\!\!\perp Y$.

一般的に，独立であれば母相関係数はゼロとなりますが，逆は成り立ちません．定

理 6.8 は，逆が成り立つための 1 つの条件を示しています．

6.3.5 多次元正規分布 $N(\boldsymbol{\mu}, \Sigma)$

なお，2 次元正規分布の拡張として，**多次元正規分布**は以下で与えられます．

$$f(\boldsymbol{x}) = \frac{1}{(2\pi)^{\frac{k}{2}}|\Sigma|^{\frac{1}{2}}} \exp\left\{-\frac{1}{2}(\boldsymbol{x}-\boldsymbol{\mu})'\Sigma^{-1}(\boldsymbol{x}-\boldsymbol{\mu})\right\}$$

ただし，$\boldsymbol{x}$，$\boldsymbol{\mu}$ は k 次元ベクトル，Σ は正定値行列である．

6.4 再生性のまとめ

すでに 5.5 節で，二項分布とポアソン分布についての再生性は示しています．本節では，新たに正規分布とガンマ分布についての再生性を示します．このガンマ分布には，特別な場合として次章で扱うカイ二乗分布が含まれています．このカイ二乗分布は，平方和の分布として，分布理論で重要な役割を果たします．再生性は，この意味でも，分布理論の流れをつかむために中心的な役割を果たすと考えて下さい．

6.4.1 正規分布の再生性

正規分布の再生性は，他の分布と少し違います．2 つの定数 a, b を用いて，$U = aX + bY$ が再び正規分布に従います．

定理 6.9：正規分布の再生性 2 つの確率変数 X_1, X_2 が互いに独立で，正規分布 $N(\mu_1, \sigma_1^2)$, $N(\mu_2, \sigma_2^2)$ に従うとする．定数 a, b に対して，$U = aX + bY$ は，正規分布 $N(a\mu_1 + b\mu_2, a^2\sigma_1^2 + b^2\sigma_2^2)$ に従う．

証明：定理 6.6 を用いると，確率変数 aX の積率母関数は，

$$M_{aX}(t) = E(e^{t(aX)}) = E(e^{(at)X}) = M_X(at) = \exp\left\{\mu_1(at) + \frac{1}{2}\sigma_1^2(at)^2\right\}$$

となる．同様に，bY の積率母関数も求められる．ここで $M_U(t)$ は，X, Y の関数の積の期待値であり，X, Y が独立であることより，各々の期待値の積として求められる．したがって，$M_U(t) = M_X(at)M_Y(bt) = \exp\left\{(a\mu_1 + b\mu_2)t + \frac{1}{2}(a^2\sigma_1^2 + b^2\sigma_2^2)t^2\right\}$．よって，$U = aX + bY$ が $N(a\mu_1 + b\mu_2, a^2\sigma_1^2 + b^2\sigma_2^2)$ に従うと考えられる．**証明終**

> **コラム 6.1 正規分布の再生性は当たり前！**
> 6.5 節に紹介される中心極限定理によると，正規分布は「微小な（互いに独立な）確率変数の多数の和（の極限）」として定義される．つまり，2 つの正規分布の和も，微小な（互いに独立な）確率変数の和であることに変わりはない．だから，$U = X + Y$ の分布が正規分布に従うのは，当たり前！
> また，ある確率変数が正規分布に従うとき，この定数倍も正規分布に従うと考えると，aX, bY も正規分布に従うので，$U = aX + bY$ と考えても，U は正規分布に従うはず！

6.4.2 正規母集団からの標本平均の分布

同じ正規母集団 $N(\mu, \sigma^2)$ からの無作為標本 $(X_1, \cdots, X_n)$ の標本平均 $\overline{X}$ は，前節の定理 6.8 の考えを用いると，正規分布の再生性によって，再び正規分布に従うと考えられます．このとき，その母平均と母分散は，3.4 節の定理 3.5 で計算したように，下記のようになります．

定理 3.5：再掲 母平均が μ，母分散が σ^2 の母集団から，独立な標本 $X_1, \cdots, X_n$ をとる．このとき，標本平均 $\overline{X}$ の母平均と母分散は，以下のようになる．

$$E(\overline{X}) = \mu, \quad Var(\overline{X}) = \frac{\sigma^2}{n}$$

したがって，標本平均 $\overline{X}$ の分布は，$N\left(\mu, \dfrac{\sigma^2}{n}\right)$ であることがわかります．

定理 6.10：標本平均の分布 $X_1, \cdots, X_n$ は，正規母集団 $N(\mu, \sigma^2)$ からの大きさ n の無作為標本とする．このとき，標本平均 $\overline{X}$ は，正規分布 $N\left(\mu, \dfrac{\sigma^2}{n}\right)$ に従う．

注意：この定理 6.10 は，第 6,7 章の標本分布理論で中心的な役割を果たします．

6.4.3 ガンマ分布

ガンマ分布は，正の定数 α に対して定義されるガンマ関数を用いて表現されます．ガンマ関数とは「階乗の一般化」であり，以下のように定義されます．

1) **ガンマ関数 $\Gamma(\alpha)$**

$$\Gamma(\alpha) = \int_0^\infty x^{\alpha-1} e^{-x} \, dx, \quad \alpha > 0 \tag{6.8}$$

また，$\Gamma(1) = 1$, $\Gamma(\alpha + 1) = \alpha \Gamma(\alpha)$ が成り立ちます．つまり，正の整数 n に対しては，$\Gamma(n+1) = n!$ となります．

2) ガンマ分布 $Ga(\alpha, \beta)$

2つの正の定数 α, β に対して，次の密度関数を考えましょう．

$$f(x) = \frac{1}{\Gamma(\alpha)\beta^\alpha} x^{\alpha-1} \exp\left(-\frac{x}{\beta}\right), \quad x > 0 \tag{6.9}$$

この分布を，**ガンマ分布** $Ga(\alpha, \beta)$ といいます．

3) ガンマ分布の積率母関数，母平均，母分散

ガンマ分布の母平均と母分散を積率母関数から導きましょう．この導出は，密度関数の全区間での積分が1になる考え方を使えば容易に示せます（章末問題6参照）．

$$M_X(t) = (1-\beta t)^{-\alpha}, \quad E(X) = \alpha\beta, \quad Var(X) = \alpha\beta^2. \tag{6.10}$$

6.4.4 ガンマ分布の再生性

ガンマ分布に関する再生性の証明には，前項で示された積率母関数を使います．

定理 6.11：ガンマ分布の再生性 2つの確率変数 X, Y が互いに独立で，ガンマ分布 $Ga(\alpha_1, \beta), Ga(\alpha_2, \beta)$ に従うとする．このとき，和 $U = X + Y$ は，ガンマ分布 $Ga(\alpha_1 + \alpha_2, \beta)$ に従う．

証明：(6.10) 式より，$M_X(t) = (1-\beta t)^{-\alpha_1}$, $M_Y(t) = (1-\beta t)^{-\alpha_2}$ ゆえ，$M_U(t) = M_X(t)M_Y(t) = (1-\beta t)^{-\alpha_1}(1-\beta t)^{-\alpha_2} = (1-\beta t)^{-\alpha_1+\alpha_2}$. 　　　　　**証明終**

注意：同じ β でなければ，再生性は成り立たない！

> **コラム 6.2　ガンマ分布の再生性は当たり前 !?**
> 　ガンマ分布は，特別な場合として，7章で紹介するカイ二乗分布を含む．このカイ二乗分布とは，「（互いに独立な）標準正規分布の2乗和」で定義される．よって，例えば X が3つの標準正規分布の2乗和，Y が5つの標準正規分布の2乗和，とすれば，これらの和である $U = X + Y$ が $3 + 5 = 8$ 個の標準正規分布の2乗和となり，カイ二乗分布となる．ガンマ分布は，その一部に，再生性が成り立つ分布を含んでいる！　だから，ガンマ分布も再生性を持つのは，当たり前！（ってのは，ちょっと強引ですね．まだ習ってないのにね…）

6.4.5　ベータ分布 *

ベータ分布は，正の定数 a, b に対して定義されるベータ関数を用いて，以下のように定義されます．

1) ベータ関数 $B(a,b)$

$$B(a,b) := \int_0^1 x^{a-1}(1-x)^{b-1}dx, \quad a>0,\ b>0 \qquad (6.11)$$

また，$a>0,\ b>0$ に対して，$\Gamma(a)\Gamma(b) = B(a,b)\Gamma(a+b)$ が成り立ちます．

2) ベータ分布 $Be(a,b)$

2 つの正の定数 $a,\ b$ に対して，次の密度関数を考えましょう．

$$f(x) = \frac{1}{B(a,b)} x^{a-1}(1-x)^{b-1},\ 0<x<1 \qquad (6.12)$$

この分布を，**ベータ分布** $Be(a,b)$ といいます．

6.5 大数の法則と中心極限定理 *

この節では，統計学の「データ数を増やすと情報量が増える」という考え方の基本となっている 2 つの定理を紹介します．いずれも，ある母集団から，独立に標本を取ってきたときの話です．これは，3.4 節や 6.4.2 項でも触れた「(独立同一分布からの) **無作為標本**」を前提としています．

一つ目の定理は，標本平均と母平均が近づくという内容で，**大数（たいすう）の法則**といいます．二つ目の定理は，標本平均の分布が正規分布に近づくという内容で，**中心極限定理**といいます．

まず準備として，チェビシェフの不等式を示しましょう．

6.5.1 チェビシェフの不等式

大数の法則を示すためには，**チェビシェフの不等式**を示す必要があります．

定理 6.12：チェビシェフの不等式 c を任意の正の数とする．母平均 μ，母分散 σ^2 をもつ確率変数 X に対して，以下の不等式が成り立つ．

$$P(|X-\mu| \geqq c\sigma) \leqq \frac{1}{c^2}$$

証明：母分散 $E\{(X-\mu)^2\}$ を 2 つの分類して評価する．まず，$|k-\mu|<c\sigma$ のときには 0 に置き換え，次に，$|k-\mu| \geqq c\sigma$ のときには $c\sigma$ で置き換える．

$$\sigma^2 \geqq \sum_{|k-\mu|<c\sigma} 0^2 p_k + \sum_{|k-\mu|\geqq c\sigma}(c\sigma)^2 p_k = c^2\sigma^2 Pr\{|X-\mu|\geqq c\sigma\} \qquad \text{証明終}$$

なお，この不等式が意味していることは，次の事柄です．

> 母平均から母標準偏差の c 倍以上離れる確率は，$1/c^2$ 以下である．

6.5.2 大数の法則

定理 3.5 によると,母平均が μ,母分散が σ^2 の母集団から,独立な標本 $X_1,\cdots,X_n$ をとると,$E(\overline{X}) = \mu$, $Var(\overline{X}) = \frac{\sigma^2}{n}$ が成り立ちます.これと,前項で述べたチェビシェフの不等式を用いると,次の**大数の法則**が示せます.

定理 6.13:大数の法則 $X_1, X_2, \cdots, X_n$ が,互いに独立で同じ分布に従う確率変数とする.つまり,$E(X_i) = \mu$, $Var(X_i) = \sigma^2$ とおける.このとき,任意の $\varepsilon > 0$ に対して,次の式が成り立つ.

$$\lim_{n \to \infty} P(|\overline{X} - \mu| > \varepsilon) = 0$$

証明:まず,定理 3.5 より,標本平均 $\overline{X}$ の母平均と母分散は,以下の式となる.

$$E(\overline{X}) = \mu, \; Var(\overline{X}) = \frac{\sigma^2}{n}$$

ここで,$Y = \overline{X}$, $\mu_y = \mu$, $\sigma_y = \frac{\sigma}{\sqrt{n}}$ と考えて,チェビシェフの不等式に適用する.

$$P\left(|\overline{X} - \mu| \geqq c\frac{\sigma}{\sqrt{n}}\right) \leqq \frac{1}{c^2}$$

さらに,$c = c_n := \frac{\sqrt{n}\varepsilon}{\sigma}$ とおけば,$c\frac{\sigma}{\sqrt{n}} = \varepsilon$ となる.したがって,次の式を得る.

$$P(|\overline{X} - \mu| \geqq \varepsilon) \leqq \frac{\sigma^2}{n\varepsilon^2}$$

この右辺は 0 に近づく.よって,ハサミウチの原理より結論を得る. **証明終**

この定理は,$\overline{X}$ は μ から離れる確率が小さくなっていく,ということ,言い換えると,「$\overline{X}$ は μ に近づく」ということを示しています.

6.5.3 中心極限定理

前項の大数の法則によって,$\overline{X}$ は,ある定数 μ に近づいていくことがわかりました.では,この $\overline{X}$ を標準化したら,どうなるでしょうか?

具体的には,

$$U = \frac{\overline{X} - \mu}{\sqrt{\sigma^2/n}}$$

は,母平均が 0,母分散は 1 です.実は,この分布が標準正規分布に近づくことが,下記の中心極限定理の述べている内容です.

定理 6.14：中心極限定理　母平均 μ，母分散 σ^2 の分布からの，互いに独立な標本 $X_1, X_2, \cdots, X_n$ に対し，$S_n = X_1 + X_2 + \cdots + X_n$ とおくと，

$$\lim_{n \to \infty} P\left(\frac{S_n - n\mu}{\sqrt{n}\sigma} \leqq a\right) = \lim_{n \to \infty} P\left(\frac{\sqrt{n}(\overline{X} - \mu)}{\sigma} \leqq a\right) = \Phi(a)$$

ここで，$\Phi(a) = \displaystyle\int_{-\infty}^{a} \frac{1}{\sqrt{2\pi}} e^{-\frac{t^2}{2}} dt$ は，標準正規分布の分布関数とする．

証明：省略（章末問題 6 参照）

この中心極限定理は，二項分布のような離散型確率変数でも成り立ちます．

定理 6.15：ラプラスの定理　X が二項分布 $B(n, p)$ に従うとする．このとき，次の関係式が成り立つ．

$$\lim_{n \to \infty} P\left(\frac{X - np}{\sqrt{np(1-p)}} \leqq a\right) = \Phi(a)$$

証明：$E(X) = np, Var(X) = np(1-p)$ であるから，X を標準化したものの極限分布は，中心極限定理によって，標準正規分布 $N(0,1)$ になる．　　　　　　　　　　**証明終**

6.6　まとめ

　統計量とは，データの関数です．このデータを確率変数と考えたとき，確率変数の関数（統計量）の分布が**標本分布**です．統計量の中で重要なものは，標本平均と平方和です．このうち，正規分布は**再生性**が成り立ちますので，標本平均も正規分布となります．また，**ガンマ分布**にも再生性があります．これは次章で議論する「カイ二乗分布」を特別な場合に含みます．つまり「カイ二乗分布」も再生性が成り立ちます．

　大数の法則と**中心極限定理**は，**無作為標本**に関する定理です．データ数を大きくすると，「標本平均が母平均に近づく」と，「標本平均の分布は（**標準化**すると）標準正規分布に近づく」という内容です．つまり，独立であるデータを増やすと，統計量が母集団の情報をもち，さらにその中心に正規分布がある，ということを意味しています．

章末問題 6

1. 標準正規分布 $N(0,1)$ の密度関数 $\phi(y)$ は，全区間で積分すると 1 を示せ．

2. 一般の正規分布 $N(\mu, \sigma^2)$ の密度関数も，全区間で積分すると 1 を示せ．

3. X が $N(\mu, \sigma^2)$ に従うとき，$E(X) = \mu, Var(X) = \sigma^2$ を示せ．

4. $\Gamma(1/2) = \sqrt{\pi}$ を示せ．

5*. $a > 0, b > 0$ に対して，$\Gamma(a)\Gamma(b) = B(a,b)\Gamma(a+b)$ を示せ．

6*. U, V が互いに独立で一様分布 $U(0,1)$ に従うとする.このとき,
$$X = \sqrt{-2\ln U}\cos(2\pi V),\ Y = \sqrt{-2\ln U}\sin(2\pi V)$$
は互いに独立に $N(0,1)$ に従うことを示せ.

7*. 母平均 μ,母分散 σ^2 をもつ連続型確率変数 X に対して,以下を示せ.
$$P(|X-\mu| \geqq c\sigma) \leqq \frac{1}{c^2} \quad (\text{ただし},\ c > 0)$$

8*. 母平均 μ,母分散 σ^2 のある分布からの互いに独立な標本 $X_1, \cdots, X_n$ に対し,$S_n = X_1 + \cdots + X_n$ とおくとき,S_n を標準化した Y の積率母関数が,$N(0, 1^2)$ の積率母関数に近づくことを以下の手順で示せ.(ただし,積率母関数が存在すると仮定する.)

1) 定数 b を用いて,$M_{X_i}(t) = \exp\left(\mu t + \frac{1}{2}\sigma^2 t^2 + bt^3 + \cdots\right)$ とできる.

2) 和 $S_n = X_1 + \cdots + X_n$ の積率母関数は,以下のようになる.
$$M_{S_n}(t) = \{M_{X_1}(t)\}^n = \exp(n\mu t + \tfrac{1}{2}n\sigma^2 t^2 + nbt^3 + \cdots)$$

3) $M_{cX+d}(t) = e^{dt}M_X(ct)$ が成り立つ.

4) $Y = \dfrac{S_n - n\mu}{\sqrt{n}\sigma}$ とすると,$M_Y(t) = \exp\left(\dfrac{1}{2}t^2 + b\dfrac{1}{\sqrt{n}\sigma^3}t^3 + \cdots\right)$ となる.

第7章　標本分布の概要

―（この章のポイント）―
1) 正規分布に従うデータの平方和は，カイ二乗分布に従う．
2) 母平均の検定や推定に用いる t は，t 分布に従う．
3) 標本平均と標本平方和は独立になる．

―――理子と数也の会話―――
数也：標本の分布ってことは，前回とおんなじ，なわけないね．
理子：データが正規分布に従うときに，平均と平方和がどうなるか，じゃない？
数也：じぇじぇじぇ!!　なんでそんなこと知ってんの?!
理子：古っ．前回先生が言っとったやんか．え，まさか寝てて聞いてなかったとか？
数也：（ギクッ）あ〜…そういやそんなことも言ってたような…
理子：はぁ…．ついでに平方和を $n-1$ で割った理由も話すってさ．
数也：えっ?!　そんなん結構前の話やん！　またその話するの？
理子：やっぱ聞いてなかったんやな．この授業は理論の最後の話らしいし，ちゃんと聞いといたほうがよさそうやで？
数也：う，うん…わかった，聞くよ．

　この章では，標本分布の総まとめを行います．このとき，データの分布には正規分布を仮定します．7.2節以降では，平方和，平均値，平方和の比の分布として，カイ二乗分布，t 分布，F 分布の3つの分布を議論します．これで，データ解析の多くの場面で分析できることになります．ではなぜ，正規分布を中心に考えるのでしょうか．この章の議論は，ここから始めましょう．

7.1　なぜ正規分布に従う理論なのか

　そもそもデータは，どんな分布に従っているかわかりません．第6章で述べた中心極限定理によると，どんな分布でも，データ数 n が大きいときは「正規分布」で近似できます．これが，分布理論の中心に「正規分布」が想定される最大の理由です．
　では，データ数が小さい時には，どう考えれば良いでしょうか．例えば，二項分布 $B(n, P)$ に従う確率変数 X では，標本比率 $p = X/n$ に関する次の基準があります．

正規近似の適用基準：$np \geq 5$ かつ $n(1-p) \geq 5$

この基準が成り立たない場合,例えば $np < 5$ のときは,確率関数を用いて直接計算が可能です.つまり二項分布の確率は,実用的には常に精度良く計算できます.

> **コラム 7.1 二項分布の正規近似法(適用例)**
>
> 例えば,X が二項分布 $B(50, 0.5)$ に従っている場合,$\mu = 50 \times 0.5 = 25$,$\sigma^2 = 50 \times 0.5(1-0.5) = 12.5$ の正規分布で近似してみよう.
>
> 一般的に,離散型確率変数を近似する場合のポイントは,$(X = k)$ という事象を $(k - 0.5 < X \leqq k + 0.5)$ と考える点である.これを,**連続補正**という.つまり,$20 \leqq X \leqq 30$ という事象の確率 P を計算する場合は,
>
> $$P = P(19.5 < X \leqq 30.5)$$
> $$= P\left(\frac{19.5 - 25}{\sqrt{12.5}} \leqq \frac{X - \mu}{\sigma} \leqq \frac{30.5 - 25}{\sqrt{12.5}}\right) = 0.880$$
>
> とする.これを二項分布の確率関数で計算して比較すると,$P(20 \leqq X \leqq 30) = P(X = 20) + \cdots + P(X = 30) = 0.881$ とほとんど差がない.

7.2 3つの重要な分布

データが正規分布に従っているときに,以下の3つの分布を定義しましょう.

1) **定義 7.1** $Z_1, Z_2, \cdots, Z_k$ が互いに独立で,標準正規分布 $N(0,1)$ に従うとする.このとき,これらの二乗和 $X = Z_1^2 + \cdots + Z_k^2$ の分布を,**自由度 k のカイ二乗分布**といい,$\chi^2(k)$ と表す.

2) **定義 7.2** X と Y は互いに独立で,X は標準正規分布 $N(0,1)$ に従い,Y は自由度 k のカイ二乗分布 $\chi^2(k)$ に従うとする.このとき,$t = \dfrac{X}{\sqrt{Y/k}}$ の分布を,**自由度 k の t 分布**といい,$t(k)$ と表す.

3) **定義 7.3**[*] X と Y は互いに独立で,X は自由度 k_1 のカイ二乗分布 $\chi^2(k_1)$ に従い,Y は自由度 k_2 のカイ二乗分布 $\chi^2(k_2)$ に従うとする.このとき,$F = \dfrac{X/k_1}{Y/k_2}$ の分布を,**自由度対 (k_1, k_2) の F 分布**といい,$F(k_1, k_2)$ と表す.

補足:k_1 を **第一自由度(分子の自由度)**,k_2 を **第二自由度(分母の自由度)** という.

> **コラム 7.2　分布族と自由度**
> 　カイ二乗分布は，標準正規分布をいくつ加えたか，によって異なる分布になる．この個数が**自由度**である．つまり，カイ二乗分布は，複数の分布の集まりである．このように，分布の集まりを**分布族**という．
> 　例えば，筆者の名前は，**稲葉太一**であるが，**稲葉**が家族名で，**太一**が個人を特定する．自由度とは，分布族の中で，どの分布かを特定するものだと考えればよい．

7.3　1つの母集団における平均値

ある正規分布 $N(\mu, \sigma^2)$ に従う母集団から，互いに独立な標本 $(X_1, X_2, \cdots, X_n)$ を取るとします．このとき，以下の定理が成り立ちます．

定理 7.1：1 標本に関する分布　$X_1, X_2, \cdots, X_n$ は $N(\mu, \sigma^2)$ に従う無作為標本（独立同一分布）とする．このとき，以下の性質が成り立つ．

1) $\overline{X}$ は $N\left(\mu, \dfrac{\sigma^2}{n}\right)$ に従う．また，$\dfrac{X_i - \mu}{\sigma}$ と $\dfrac{\overline{X} - \mu}{\sqrt{\sigma^2/n}}$ は $N(0, 1)$ に従う．

2) $\displaystyle\sum_{i=1}^n \left(\dfrac{X_i - \mu}{\sigma}\right)^2$ は，自由度 n のカイ二乗分布（χ^2 分布）に従う．
また，$\left(\dfrac{\overline{X} - \mu}{\sqrt{\sigma^2/n}}\right)^2$ は，自由度 1 の χ^2 分布に従う．

3) $\displaystyle\sum_{i=1}^n \left(\dfrac{X_i - \mu}{\sigma}\right)^2 = \sum_{i=1}^n \left(\dfrac{X_i - \overline{X}}{\sigma}\right)^2 + \left(\dfrac{\overline{X} - \mu}{\sqrt{\sigma^2/n}}\right)^2$ が成り立つ．

4) $\dfrac{S}{\sigma^2}$ は，自由度 $n-1$ の χ^2 分布に従う．

証明：1) は，定理 6.9 と標準化よりわかる．2) は，χ^2 分布の定義 7.1 よりわかる．3), 4) は章末問題 7 を参照のこと．　　　　　　　　　　　　　　　　**証明終**

定理 7.2：1 標本の標本平均と母平均の関係　$X_1, X_2, \cdots, X_n$ が $N(\mu, \sigma^2)$ からの無作為標本とする．このとき，次の t は，自由度 $n-1$ の t 分布に従う．

$$t = \frac{\overline{X} - \mu}{\sqrt{V/n}}, \quad \text{ただし，} V = \frac{S}{n-1} = \frac{1}{n-1}\sum_{i=1}^n (X_i - \overline{X})^2. \tag{7.1}$$

証明：定理 7.1 より，以下の 3 つが成り立つ.

$$\overline{X} \sim N\left(\mu, \frac{\sigma^2}{n}\right), \quad \frac{S}{\sigma^2} \sim \chi^2_{n-1}, \quad \overline{X} \perp\!\!\!\perp S$$

これらと，t 分布の定義 7.2 から結論を得る. **証明終**

注意：例えば，$X \sim N(0,1)$ という記号は「確率変数 X が標準正規分布に従う」ことを意味する.

これら 2 つの定理 7.1, 7.2 は，1 つの母集団からの標本についての検定と推定の根拠となります. つまり，第 11 章で議論する根拠が，すべて得られたことになります.

7.4 2つの母集団における分散比 *

この節では，2 つの母集団の母分散が等しいかどうか，分散比はどの程度かを調べるための定理について解説します.

定理 7.3：2 標本の標本分散と母分散の関係 $X_{11}, \cdots, X_{1n_1}$ が $N(\mu_1, \sigma_1^2)$ からの無作為標本，$X_{21}, \cdots, X_{2n_2}$ が $N(\mu_2, \sigma_2^2)$ からの無作為標本で，互いに独立とする.

このとき，次の統計量 F が自由度 $(n_1 - 1, n_2 - 1)$ の F 分布に従う.

$$F = \frac{V_1/\sigma_1^2}{V_2/\sigma_2^2}, \quad \text{ただし}, \quad V_i = \frac{1}{n_i - 1} \sum_{j=1}^{n_i} (X_{ij} - \overline{X}_i)^2, \quad i = 1, 2 \tag{7.2}$$

証明：$X = S_1/\sigma_1^2 \sim \chi^2(n_1 - 1)$, $Y = S_2/\sigma_2^2 \sim \chi^2(n_2 - 1)$ で $X \perp\!\!\!\perp Y$ である.

定義 7.3 より，$F = \dfrac{X/(n_1 - 1)}{Y/(n_2 - 1)}$ が，$(n_1 - 1, n_2 - 1)$ の F 分布に従う. **証明終**

7.5 カイ二乗分布の性質

7.1 節では，独立な標準正規分布の二乗和として，カイ二乗分布を定義しました. ここでは，これらの積率母関数を求めることで，密度関数を示します. また，再生性や母平均と母分散なども調べます.

1) 積率母関数

Z が $N(0,1)$ に従うとき，$X = Z^2$ は自由度 1 の χ^2 分布に従います. このとき，$X = Z^2$ の積率母関数は，以下のようになります（章末問題 7 参照）.

$$M_X(t) = (1 - 2t)^{-\frac{1}{2}}, \quad t < \frac{1}{2} \tag{7.3}$$

7.5 カイ二乗分布の性質

したがって，X が自由度 k の $\chi^2(k)$ に従うとき，$X = Z_1^2 + \cdots + Z_k^2$ で，$Z_1^2, \cdots, Z_k^2$ が独立であるから，各々の積率母関数の積，つまり k 乗になります．

$$M_X(t) = M_{Z_1^2}(t) \times \cdots \times M_{Z_k^2}(t) = (1-2t)^{-\frac{k}{2}}, \quad t < \frac{1}{2} \tag{7.4}$$

2) 密度関数

上記 1) の積率母関数の結果から，自由度 k のカイ二乗分布は，ガンマ分布 $Ga(\frac{k}{2}, 2)$ と考えられます．よって，密度関数は (6.9) 式で，$\alpha = k/2$，$\beta = 2$ とおくと，

$$f(x) = \frac{1}{\Gamma\left(\frac{k}{2}\right) 2^{\frac{k}{2}}} x^{\frac{k}{2}-1} e^{-\frac{x}{2}}, \quad x > 0 \tag{7.5}$$

となります．また積率母関数から以下の再生性や，母平均，母分散などもわかります．

3) 再生性

定理 7.4：χ^2 分布の再生性 X，Y が，それぞれ $\chi^2(k_1)$，$\chi^2(k_2)$ に従い，かつ互いに独立であるとする．このとき，$X + Y$ も $\chi^2(k_1 + k_2)$ に従うことがわかる．

理由：各々の積率母関数 $(1-2t)^{-\frac{k_i}{2}}$ の積が，$(1-2t)^{-\frac{k_1+k_2}{2}}$ となる．

4) 母平均と母分散

X が，自由度 k の $\chi^2(k)$ に従うとき，$E(X) = k$，$Var(X) = 2k$ となります．

理由：(7.4) 式より積率母関数がわかるので，これから求められる．

別の理由：$Z \sim N(0,1)$ のとき $E(Z^2) = V(Z) + \{E(Z)\}^2 = 1 + 0^2 = 1$，$E(Z^4) = 3E(Z^2) = 3$ であり，かつ $X = Z_1^2 + \cdots + Z_k^2$ と考える．

コラム 7.3　平方和を $n-1$ で割る理由

定理 7.1 の 4) から，平方和 S の分布が，自由度 $n-1$ のカイ二乗分布の σ^2 倍であることがわかる．また，上の 4) から，カイ二乗分布の母平均が自由度であるとわかる．これらを併せると，

$$E\left(\frac{S}{\sigma^2}\right) = n - 1 \tag{7.6}$$

となるから，両辺を σ^2 倍して，$n-1$ で割ると，次の式が得られる．

$$E\left(\frac{S}{n-1}\right) = E(V) = \sigma^2 \tag{7.7}$$

このことは，平方和 S を $n-1$ で割った分散 V が，母分散 σ^2 と相性がよいことを示している．（→ **コラム 11.1** に続く）

7.6 t 分布の性質 *

自由度 k の t 分布の密度関数は，以下のようになります．

$$f(t) = \frac{\Gamma\left(\frac{k+1}{2}\right)}{\sqrt{k\pi}\,\Gamma\left(\frac{k}{2}\right)} \left(1 + \frac{t^2}{k}\right)^{-\frac{k+1}{2}} \tag{7.8}$$

証明：この式は定理 6.1 で，$X \sim N(0,1)$, $Y \sim \chi^2(k)$, $U = \frac{X}{\sqrt{Y/k}}$, $V = Y$ と考えて (U, V) の同時分布を求め，U の周辺密度を考えよ（章末問題 7 参照）．　　**証明終**

コラム 7.4　コーシー分布とは

自由度 $k = 1$ の t 分布を**コーシー分布**という．密度関数は，次の式で与えられる．

$$f(t) = \frac{1}{\pi(1 + t^2)}, \quad -\infty < t < \infty \tag{7.9}$$

コーシー分布は，「**母平均がない分布**」として有名である．

7.7 F 分布の性質 *

自由度対 (m, n) の F 分布の密度関数は，以下のとおりです．

$$f(t) = \frac{\Gamma\left(\frac{m+n}{2}\right)\left(\frac{m}{n}\right)^{\frac{m}{2}}}{\Gamma\left(\frac{m}{2}\right)\Gamma\left(\frac{n}{2}\right)} x^{\frac{m}{2}-1} \left(1 + \frac{m}{n}x\right)^{-\frac{m+n}{2}} \tag{7.10}$$

証明：この式は定理 6.1 で，$X \sim \chi^2(m)$, $Y \sim \chi^2(n)$, $U = \frac{X/m}{Y/n}$, $V = Y$ と考えて (U, V) の同時分布を求め，U の周辺密度を考えよ（章末問題 7 参照）．　　**証明終**

7.8 分位点のまとめ

この節では，この章で紹介した 4 つの分布（標準正規分布，χ^2 分布，t 分布，F 分布）の分位点について，まとめることにします．**分位点**とは，確率変数がこの値より大きくなる確率（上側確率）が $\alpha\,(0 < \alpha < 1)$ である値のことで，**上側 100α% 点**ともいいます．具体的な数値は，巻末にある付表を引いて求めます（例題 7.1, 7.2 参照）．

また，この分位点は，検定や推定を考えるときに必須となります．4つの分布に関する分位点を表す記号を，下記の表 7.1 にまとめます．

表 7.1: 分位点のまとめ

(1)	$X \sim N(0,1)$	のとき, $P(X>c) = \alpha$	となる	$c = u(\alpha)$
(2)	$X \sim \chi^2(k)$	のとき, $P(X>c) = \alpha$	となる	$c = \chi^2(k, \alpha)$
(3)	$X \sim t(k)$	のとき, $P(X>c) = \alpha$	となる	$c = t(k, \alpha)$
(4)	$X \sim F(k_1, k_2)$	のとき, $P(X>c) = \alpha$	となる	$c = F(k_1, k_2; \alpha)$

表 7.1 の記号は，すべて上側確率で表示しています．ただし，正規分布と t 分布は左右対称であるため，本によっては両側確率（確率変数の絶対値がこの値以上になる確率）で表すこともあります．

例題 7.1　標準正規分布，t 分布，χ^2 分布の分位点
1) 標準正規分布の上側 5% 点（両側 10% 点）は $u(0.05) = 1.645$ である．
2) 自由度 7 のカイ二乗分布の上側 5% 点は $\chi^2(7, 0.05) = 14.07$ である．
3) 自由度 7 のカイ二乗分布の上側 95% 点は，$\chi^2(7, 0.95) = 2.17$ である．
4) 自由度 5 の t 分布の上側 5% 点は $t(5, 0.05) = 2.015$ である．
5) 自由度 5 の t 分布の上側 2.5% 点（両側 5% 点）は，$t(5, 0.025) = 2.571$ である．

コラム 7.5　F 分布の下側分位点の計算方法

F 分布は，定義 7.3 からわかるように，χ^2 分布の比であるから，その逆数を取っても F 分布である．$X \sim \chi^2(m), Y \sim \chi^2(n), X \perp\!\!\!\perp Y$ と仮定する．このとき，$F = \frac{X/m}{Y/n}$ は，自由度 (m, n) の F 分布に従い，下記の関係式が成り立つ．

$$F = \frac{X/m}{Y/n} \geq a \implies \frac{1}{F} = \frac{Y/n}{X/m} \leq \frac{1}{a}$$

つまり，$P\left(F = \frac{X/m}{Y/n} \geq a\right) = P\left(\frac{1}{F} = \frac{Y/n}{X/m} \leq \frac{1}{a}\right) = \alpha$ とおける．このとき，$a = F(m, n; \alpha)$ でかつ $\frac{1}{a} = F(n, m; 1-\alpha)$ である．これを整理すると，次の関係式が得られる．

$$F(n, m; 1-\alpha) = \frac{1}{F(m, n; \alpha)} \tag{7.11}$$

コラム 7.5 中の (7.11) 式は「上側 5% 点と下側 5% 点が（自由度を逆にすれば）逆数である」という関係を表しています．付表 4.1, 4.2 に，$\alpha = 0.025, 0.05$ に関する値を

掲載しています．一方，$\beta = 0.975, 0.95$ に関する表は掲載していませんが，$\alpha = 1 - \beta$ と考えれば (7.11) 式で計算できます (例題 7.2)．

例題 7.2 F 分布の上側 5% 点，95% 点の計算例

1) X が自由度 $(9, 10)$ の F 分布に従うとき，上側 5% 点は 3.02 である．

$$F(9, 10; 0.05) = 3.02$$

2) X が自由度 $(9, 10)$ の F 分布に従うとき，下側 5% 点は 0.318 である．

$$F(9, 10; 0.95) = \frac{1}{F(10, 9; 0.05)} = \frac{1}{3.14} = 0.318$$

7.9 まとめ

データが正規分布に従う母集団から得られているとき，標本平均と平方和の分布を調べていくと，必然的に，**カイ二乗分布**と **t 分布**が必要になります．これらの分布には**自由度**という概念がありますが，これはデータ数 n から 1 を引いた値になります．したがって，これらの分布を用いれば，標本平均の母平均からのズレは t 分布で捉え，平方和の母分散からのズレはカイ二乗分布で捉えることができます (平方和の比は **F 分布**を用います)．

章末問題 7

1. Z が $N(0, 1)$ に従うとき，$X = Z^2$ の積率母関数 $M_X(t) = (1 - 2t)^{-\frac{1}{2}}$ を示せ．

2. $\sum_{i=1}^{n} \left(\frac{X_i - \mu}{\sigma} \right)^2 = \sum_{i=1}^{n} \left(\frac{X_i - \overline{X}}{\sigma} \right)^2 + \left(\frac{\overline{X} - \mu}{\sqrt{\sigma^2/n}} \right)^2$ を示せ．

3*. 標本平均 $\overline{X}$ と標本平方和 S が独立であることを示せ．

4. $\frac{S}{\sigma^2} \sim \chi^2_{n-1}$ を示せ．

5*. t 分布の密度関数 (7.8) 式を導け．

6*. F 分布の密度関数 (7.10) 式を導け．

7*. Y がベータ分布 $Be(a, b)$ に従うとき，$Z = a(1 - Y)/(bY)$ が F 分布 $F(2b, 2a)$ に従うことを示せ．

第8章 前半のまとめ（統計学の理論的準備）

―（この章のポイント）―
1) データの世界と，母集団の世界があり，互いに関連している．
2) 我々の道具は，データの関数であり，確率変数の関数となる．
3) データが正規分布に従うとき，平方和は χ^2 分布に，平均は t 分布に従う．

――――― 理子と数也の会話 ―――――
理子：いよいよ，ここまでの総まとめやね．
数也：そうみたい．特に，最後の2回が意味不明やった！
理子：私，わかったよ！ 積率母関数で，見通しをつければよいんよ．
数也：そしたら，平方和の分布は？
理子：平方和って，何？
数也：全然，わかってないやんか！ ばらつきを把握するための S で…
理子：冗談，冗談，わかってるって．平方和と母分散の比が χ^2 分布よ．
数也：そのときの自由度は $n-1$ やね．
理子：細かい所を指摘してくるなあ．

いままでの7回で，理論的な内容の準備は完了です．ここまで学んだことを整理しておきましょう．まず，データと興味の対象である母集団の関係の説明から始めて，分布理論を整理したいと思います．なお，「データ x（小文字）は確率変数 X（大文字）の実現値」と考えることが，データの世界と母集団の世界を結んでくれます．

8.1 データと母集団

平均には，**標本平均** $\bar{x}$ と**母平均** $\mu = E(X)$ があります．標本平均は，データ $x_1, \cdots, x_n$ から計算できます．これに対して，母平均は母集団を特定するための**確率関数** p_k から求めます．この母平均 μ は，母集団の中心的な値を意味しますので，どんな母集団であるかを特定するための値であると考えて下さい．

統計学を学ぶ際に，最初にこの区別から始まると効率的に学ぶことができます．逆に，この区別をあいまいにして理解しようと試みると，いたずらに時間を浪費する可能性があります．私たちが用いることのできる道具（**統計量**）と，調べたいこと（**母集団**）の違いを明確にして下さい．

また統計量では，**標本平均** $\bar{x}$ と，**平方和** S が最も重要です．標本平均はデータの中心的な値を表し，平方和は，データから平均を引いた**偏差** $x_i - \bar{x}$ の二乗の合計で，ばらつきの尺度となります．

8.2　確率と確率変数

では，確率と確率変数の話に進めましょう．まず，**確率**の定義を述べます．

　　確率の定義：確率は 0 以上，全確率が 1，排反な事象の和の確率は各々の和

この 3 つの性質が確率の本質です．これを前提に，離散的な値を取る**離散型確率変数**と，連続的な値を取る**連続型確率変数**を定義しました．いずれも，取りうる値と，その確率が基本になっており，離散型では，**確率関数** $p_k = P(X = k)$ が，連続型では，**密度関数** $f(x)$ がその役割を果たしました．ここで，ちょっと厄介な問題がありました．それは，連続型確率変数では，1 点の確率はゼロです．そこで，幅をもった区間に入る確率を考えることで，この問題をクリアすることができました．

8.3　期待値，母平均，母分散

次に考えたのは，**期待値**です．期待値とは，取りうる値と，その確率の積和で，文字どおり「期待される値」という意味があります．X の期待値を**母平均** μ と呼んで，母集団の中心的な値と考えました．ギリシャ文字を用いることが多いのは，母集団が，そもそも真の状態を表す用語であることから「アテネの神々」辺りから連想されているのかもしれません．

また，母集団のばらつきを意味する**母分散** σ^2 も重要です．これは，$X - \mu$ の二乗の期待値であり，確率変数が，母平均からどれくらい離れることができるかを，期待値で表現した形になっています．

そして，連続型確率変数の場合の期待値は，取りうる値に，**確率（カクリツ）**を掛けると得られますが，このときのカクリツは，$f(x)dx$ と考えて下さい．これさえ覚えておけば，連続型でも，離散型と同じように計算できます．

8.4　2次元データと 2次元の確率変数

2 次元のデータにおいて，最初に考えるべきことは，各々の変量に関する 1 次元のデータの分析です．つまり，各々の変量について**ヒストグラム**を描くことで，**外れ値**の有無や**分布の形状**を把握するのが重要です．次に，2 次元データは**散布図**を描いて 2 次元としての外れ値を調べ，さらに**標本相関係数**などを求めるとよいでしょう．

これに対して，私たちの興味の対象は**母相関係数**です．母集団の性質として，母相関係数がゼロであるかどうか，すなわち**無相関**かどうかに興味を持っています．これと似ている概念に，**独立性**があります．2つの確率変数が独立であれば無相関になります．しかし，データが左右対称な放物線上にある場合など，無相関であっても独立にならない例があります．その意味でも，2次元のデータは，相関係数だけを調べれば十分ではありません．ぜひ，散布図の情報も活用して下さい．

8.5 離散型確率変数の例

跳び跳びの値を取るデータの分布は，二項分布やポアソン分布が想定されます．**二項分布**とは，比率データの分布です．互いに独立で，かつ，同じ比率の場合には**ベルヌーイ試行**となりますので，これらの和が二項分布となります．一般的によく管理された製品の不良品の個数が，この分布に従うことが知られています．また，**ポアソン分布**は，単位時間当たりのイベントの回数や，単位面積当たりのキズの数など，こちらもよく管理された工程での故障回数などのデータに見られます．

ただし，現実のデータは，必ずしもこれらの分布に従うとは限りません．例えば二項分布に従うかどうかについては，同じ比率で推移していることが必要です．また比率が同じでも，不良品が続いて出やすいなど，独立性が成り立たない状況ではダメです．つまり，製品の製造工程が，安定していることが前提となります．ポアソン分布の場合も，例えば交通事故の件数のように，時間帯や曜日が一定であれば，発生の可能性が同じであり，事故と事故の関係もないという場合に成り立つと考えられます．

ぜひ，二項分布とポアソン分布の前提を整理しておいて，現実のデータに直面したときに，その分布に従うと仮定してよいかどうかを議論する際の参考にして下さい．

8.6 連続型確率変数の例

連続的な値を取る確率変数の分布は，**中心極限定理**によると**正規分布**がすべての中心となります．実際，よく安定した測定データは，非常に小さい要因が多数集まって構成されていると考えられ，測定誤差には正規分布が仮定されます．このような場合，実際にヒストグラムを描くと，**左右対称な釣鐘型**になります．これは，正規分布の密度関数に近いことを意味します．

また，寿命のデータにおいて，最も自然な分布は**指数分布**です．危険率が一定になる分布でもあります．さらに，次のコラム8.1でも示すように，指数分布は，究極のランダムな現象における事象の発生間隔でもあります．

コラム 8.1　ポアソン過程は，指数分布とポアソン分布のお母さん *

ある銀行の窓口に到着する人の時刻を考えよう．完全にランダムに人が銀行にやってくるとした場合，この時刻 $(0 = X_0 <) X_1 < X_2 < \cdots < X_k$ を**ポアソン過程**と呼ぶ．このポアソン過程は，以下の性質をもつ（章末問題 8 参照）．

1) 一定時間の間に窓口に到着する人数は，ポアソン分布に従う．
2) 到着する時刻の間隔 $X_t - X_{t-1}$, $t = 1, \cdots, k$ は指数分布に従う．

この意味で，ポアソン分布と指数分布は表裏一体，つまりは兄弟関係にあるといえよう．さらに，これら二人のお母さんに相当するのが**ポアソン過程**である．

コラム 8.2　ポアソン過程とは *

ポアソン過程は，以下の 3 つの性質で定義される．
- ① : $(0, t]$ に起こる事象の数と $(t, t + \Delta t]$ に起こる事象の数は独立である．
- ② : $(t, t + \Delta t]$ に起こる事象が 1 回起こる確率は，$\lambda \Delta t + o(\Delta t)$ である．
- ③ : $(t, t + \Delta t]$ に起こる事象が 2 回以上起こる確率は，$o(\Delta t)$ である．

ここで，**無限小** $o(\Delta t)$ は，$\displaystyle\lim_{\Delta t \to 0} \frac{o(\Delta t)}{\Delta t} = 0$ で定義する．

また，事象の起こる時刻を並べた $(0 = X_0 <) X_1 < X_2 < \cdots < X_k$ のことを一般的に**点過程（確率過程）**という．点過程には，ポアソン過程以外に，大地震の発生のように一度起こると発生頻度が下がる**自己冷却過程**と，群発地震のように一度起こりだすと頻発する**自己誘発過程**などがある．

8.7　再生性で整理しよう

積率母関数は，積率のお母さんです．積率母関数からは，**母平均**や**母分散**も導くことができるので，分布を特定することができると考えて下さい．このことを利用して，分布の再生性を示していくのが，分布理論の大きな流れです．

再生性とは，元の分布形と，和の分布形が同じになることです．再生性の柱は 3 つです．1 つ目は，比率データの無作為標本で，ベルヌーイ試行と呼ばれる状況です．このとき，**二項分布**には再生性が成り立ちます．2 つ目は，**正規分布**です．標本平均の分布が正規分布になる理由の背景になっています．3 つ目は，標準正規分布の二乗和の分布でもある**カイ二乗分布**です．

この 3 つ目の性質によって，正規分布からの無作為標本における平方和の分布が t 分布になる理由が示せます．これは言い換えると，**標本平均と平方和の独立性**を示すことから導かれます．

最後に，再生性は，もう一つの状況で成り立ちます．それは，**ポアソン分布**です．元々，ポアソン分布は，単位面積当たり，単位時間当たりの二項分布の極限で導かれる分布でもあります．つまり，二項分布の再生性を受け継いでいると考えられます．以上，4つの再生性が，分布理論の中核を示してくれる原動力になっています．

8.8 分布理論の残された話題

最後にF分布の由来にも，触れておきましょう．互いに独立なカイ二乗分布同士の比が**F分布**に従います．実は，統計解析で最もよく用いられる分布は，F分布です．後半のデータ解析の場面でも，第14章の単回帰分析，第15章の一元配置分散分析でもF分布を用いた**F検定**で要因の分析を行います．なぜ，F分布が多用されるかというと，要因平方和と誤差平方和の比が検定に用いられる統計量となるからです．この分布がF分布に従うことの正確な証明は，この本では扱いませんが，要因平方和も誤差平方和も，いずれも互いに独立な標準正規分布の二乗和になっていることがその理由です．つまり，第11章で扱う母平均の検定をt分布で行うこととほとんど同じ理由で，さまざまな検定をF分布を用いる理由が示せます．

また多次元の分布については，離散分布の中心である二項分布の拡張が**多項分布**，連続分布の中心である**正規分布の多次元版**は，自然な拡張になっています．しかし多次元の話は，逆にいうとあまりにも自然であるので，結果が導かれても新たな発見がありません．そのため，多次元の話の詳細については，別の機会に譲りたいと思います．

章末問題 8

1*. ポアソン過程において，時刻tまでにk回事象が起こる確率$p_k(t)$，その**確率母関数**$Q(t) := \sum_{k=0}^{\infty} p_k(t) z^k$とおくとき，以下の性質を示せ．ただし，$p_{-1}(t) \equiv 0$とする．

1) $p_k(t + \Delta t) = p_k(t)(1 - \lambda \Delta t) + p_{k-1}(t) \lambda \Delta t + o(\Delta t), \ k = 0, 1, 2, \cdots$

2) $p_k'(t) = \lambda[p_{k-1}(t) - p_k(t)]$ 3) $\dfrac{\partial}{\partial t} Q(t) = \lambda(z-1)Q(t)$

4) $Q(t) = e^{\lambda(z-1)t}$ 5) $p_k(t) = \dfrac{(\lambda t)^k}{k!} e^{-\lambda t}$

補足：5) で$t = 1$の場合を考えると，時刻$[0, 1]$に起こる事象の数Xは，ポアソン分布$Po(\lambda)$に従うことがわかる．また，時刻tにおいて，$(k=)0$回の確率は，最初の故障時刻Yについて$P(Y > t) = e^{-\lambda t}$となり，$P(Y \leqq t) = 1 - e^{-\lambda t}$と指数分布であることもわかる．

第II部　データ解析の適用場面

第9章　検定とは

―（この章のポイント）――――――――――――――――――
この3つがポイント！
1) 仮説検定には，「2つの仮説」がある．
2) 仮説検定には，「2つの誤り」がある．
3) 仮説検定には，「2つの確率」がある．

――――――――――理子と数也の会話――――――――――
理子：今日は，鉛筆転がし実験をするって聞いたけど…
数也：実験で，検定の考え方を説明するらしい．
理子：ねえねえ，今日の**ポイント**，2つ2つって何回も．
数也：それ思った．聞くところによると，**仮説**を立てる所から始めるみたい．
理子：仮説？　なにそれ．私は今日の授業が分かるか，それともわからんか，みたいな？
数也：そうそう．そんな感じちゃう？
理子：そんなん，データ取る前から決まってるわ．わかるに決まってるやん！
数也：え〜〜?!　ほんまかいな…

　スポーツの解説者が，最終戦で勝った側に対して「最後には地力の差が出ましたね」ということがあります．しかし，本当に力の差があったからでしょうか？　もちろん，強い方が勝ったのかもしれませんが，力には差がなかったけれど，たまたま勝っただけかもしれません．「最後には運が左右しましたね」ということが正しい場合もあろうかと思います．

　データを分析する人には，思い込みや誘導があってはいけません．得られたデータに忠実に結論を出すことが求められます．

―コラム 9.1　やはり俺達はフルセットで戦う宿命―――――――
　この言葉は，ドラマや小説などでライバル関係にある二者に用いられるが，よく考えてみると，少し不思議である．というのは，例えば3セットマッチの場合，フルセットを戦うには，1セットオールになる必要がある．つまり，第1セットを負けた側が必ず第2セットを取らないといけない．ドラマの展開上は盛り上がって良いけれど，現実の結果としては，ちと，不自然さが否めない…．

9.1 鉛筆転がし実験

私たちは，第1章で「統計学は，合理的でかつ，客観的な方法論である」と述べました．このうちの客観性は，データのみから判断することで保証されますが，合理性はまだ確保されていません．この章では，鉛筆を転がす実験を通して，仮説を立てて検証することを学び，その合理性に迫りましょう．

まず，9.1節では鉛筆転がし実験を行い，9.2節では検定の枠組みと基本的な用語を説明します．9.3節では，2つの重要な確率である，有意水準と検出力について計算例を紹介します．ここで，有意水準は小さいほどよく，検出力は高いほどよいことが知られています．最後に9.4節では，仮説の正しい設定方法について紹介します．

コラム 9.2 結果論から，仮説検定へ

世の中は，結果論であるといわれている．確かに，発表会のできばえ，試験の結果，仕事の成否など，結果が大切な事柄であふれている．しかし，結果のみにこだわり少数の成功例に固執すると，より多くの可能性をもつ方法を探すことを怠ってしまう．逆に，成功への地道な努力の積み重ねが，長期的には大きな成果につながる**可能性を高める**ことがある．検定とは，より高い可能性を実現する方法を，合理的に選ぶ世界共通の手法である．

9.1 鉛筆転がし実験

今から，2つの実験を行います．鉛筆を1本用意してください．鉛筆には，6つの面があり，この鉛筆を5回，転がして，特定の面が何回出るかを数える実験をします．

まず始めの**実験1**は，6つのうち**3つの面**（印字された面など）が「表」であると解釈して，表が何回出たかを数えます．次に**実験2**として，6つの面のうち**1つの面**が「表」であると解釈して，表が何回出たかを数えます．

ここで，これらの実験結果が，あるコインを5回投げた結果だと考えて下さい．つまり，このコインの表の出る確率は2分の1か6分の1のいずれかです．なお，判断のルールとしては，次のルールを設定します．

ルール：表が0回だったら，表が出にくいコインだと判断する

もし，表が1回以上出たら実験1のコイン，表が出なかったら実験2のコインだと判断するルールです．これらを念頭に入れて，実験を行いましょう．

9.1.1 鉛筆実験1（鉛筆の3つの面を「表」とする）

この実験は，表の出る確率が2分の1である実験です．鉛筆を5回，転がして，表（3つの面）が出た回数を X とおきます．

上の実験を行って，その結果（表の出た回数）を報告してください．

表 9.1: 表の出た回数の人数分布（実験 1）

表の出た回数	0	1	2	3	4	5
計（　　人中）						

9.1.2 鉛筆実験 2（鉛筆のある面 1 つのみを「表」とする）

この実験は，表の出る確率が 6 分の 1 である実験です．先ほどの実験 1 と同様に，鉛筆を 5 回，転がして，表（1 つの面）が出た回数を X とし，その結果（表の出た回数）を報告してください．

表 9.2: 表の出た回数の人数分布（実験 2）

表の出た本数	0	1	2	3	4	5
計（　　人中）						

9.1.3 2 つの鉛筆実験の背景

まず，次の状況を想定して下さい．

例題 9.1　コイン投げ実験

1 枚のコインを投げるとき，表裏が半々か，表が $\frac{1}{6}$ の確率か，どちらかであるとする．このとき，「実験 1：表裏が半々」と，「実験 2：表が 6 分の 1 の確率で出る」を 2 つの仮説と考える．このコインを 5 回投げて，表が出なければ「実験 2 のコイン」と判断し，表が 1 回以上出れば「実験 1 のコイン」と判断する．

この例題では，2 つの鉛筆実験が 2 つの仮説を表しています．このように 2 つの仮説を設定してデータをとり，どちらの仮説が正しいかを判断する方法論を**仮説検定**といいます．データのみから判断することで，**客観性**が保証されます．

ここで，2 つの仮説のどちらか真実かわからないとします．こういうとき，真実と判断が食い違う可能性があります．例題 9.1 では，この間違いは，実験 1 のときと実験 2 のときの 2 種類があり，まったく異質です．次節では，これらがどの程度起こるのか，すなわち確率にも注目します．

> **コラム 9.3　無罪と無実の違い**
>
> 　陪審評決では，有罪のことを guilty，無罪のことを not guilty という．**有罪**とは，「証拠が十分にあって被告を罪に問う」ことを意味しており，**無罪**は，裁判のうえで「証拠が不十分であった」ことを意味する．本来の意味に近いのは「罪が無い」よりも「有罪ではなかった」というのが正しい．
>
> 　では，無実とは無罪とは，どう違うのか？　**無実**とは「本当に罪を犯していないこと」であり，裁判で，どのように判決が下されるかとは無関係である．このように，一般的にいって，「真実を表す言葉」と「判断を表す言葉」が一組あり，互いに対応していることが多い．9.2 節で述べる検定では，これらを正確に区別することが大切である．

9.2　仮説検定の枠組み

　この節では，仮説検定の枠組みを説明します．2 つの仮説，2 つの誤り，2 つの確率の 3 つのポイントを説明します．

9.2.1　2 つの仮説

　前節で議論した例題 9.1 において，普通の状況は「表裏が半々」です．これを表の出る確率 P で表すと，$P = \frac{1}{2}$ となり，実験 1 の状況となります．このように普通の状況を**帰無仮説**といい，H_0 で表します．

$$\text{帰無仮説 } H_0 : P = \frac{1}{2}$$

これに対して「表が出にくい」ことの 1 つの状況として実験 2 を考えると，$P = \frac{1}{6}$ となります．これを**対立仮説**といい，H_1 で表します．

$$\text{対立仮説 } H_1 : P = \frac{1}{6}$$

一般的な仮説の設定方法については，9.4 節で説明します．

9.2.2　判定のルール

　例題 9.1 では，コインを 5 回投げて「表が 0 回」であれば帰無仮説を棄却して，「表が出にくいコイン」だと判断しています．また，「表が 1 回以上」出ると，帰無仮説を棄却せず「普通のコイン」だと判断します．つまり，「表が 0 回」かどうかで判断をしているわけです．このように，帰無仮説を棄却するデータの範囲のことを，**棄却域**と

呼びます．仮説検定における判定のルールは，この棄却域を決めることで定まります．なお，棄却域の良し悪しは第10章で議論します．

9.2.3 2つの誤り

例題9.1では，実験1において真実は「表裏が半々」のコインであるにも関わらず，表が出にくいと判断される誤りがあります．また，実験2において真実は「表が出にくい」コインであるにも関わらず，普通のコインだと判断される誤りもあります．このように，真実と判断の間には食い違いが起こり得ます．真実も，判断の結果も，いわゆる2択であると考えると，これらの組合せとして4つの場合が考えられます．

帰無仮説が真実であるときに対立仮説が正しいと判断する誤りを，**第1種の誤り**といいます．また，対立仮説が真実であるときに帰無仮説が正しいと判断する誤りを，**第2種の誤り**といいます（表9.3）．

表 9.3: 真実と判断の食い違い（2つの誤り）

真実＼判断	H_0 と判断する	H_1 と判断する
H_0 が真	ok	第1種の誤り
H_1 が真	第2種の誤り	ok

補足1：「第1種の誤り」は，あわて者の誤り，生産者危険ともいう．
補足2：「第2種の誤り」は，ぼんやり者の誤り，消費者危険ともいう．

9.2.4 2つの確率

これらの手法の良し悪しは，2つの誤りがどの程度起こるのかで決まります．まず，帰無仮説が真実であるときに対立仮説が正しいと判断する確率，すなわち，第1種の誤りの確率は**有意水準（危険率）**と呼ばれ，α で表します．一方，第2種の誤りの確率は β で表されますが，これには名前がありません．対立仮説が真実であるとき，対立仮説が正しいと判断する確率を**検出力**といい，$1-\beta$ で表します（表9.4）．

名前のついた2つの確率は，いずれも「対立仮説と判断」する場合です．これは，(**棄却域**という言葉を使えば) いずれも「棄却域に入る確率」です．参考のため，前節の実験1，2における，表の回数ごとの確率を表9.5に記します．

この表9.5の確率は，第5章で紹介した二項分布 $B(n,p)$ の確率関数 (5.4) 式

$$P(X=k) = p_k = {}_nC_k p^k q^{n-k}, \quad k=0,1,\cdots,n \quad (0<p<1) \qquad (5.4)$$

ただし，${}_nC_k = \dfrac{n(n-1)\cdots(n-k+1)}{k!}$

9.3 有意水準と検出力の計算例

表 9.4: 2 つの確率

真実＼判断	H_0 と判断する	H_1 と判断する（**棄却域**）
H_0 が真	$1-\alpha$	α（有意水準）
H_1 が真	β	$1-\beta$（検出力）

表 9.5: 2 つの実験における表の出た回数の確率

表の出た回数	0	1	2	3	4	5
実験 1 ($P=\frac{1}{2}$ のとき)	$\frac{1}{32}$	$\frac{5}{32}$	$\frac{10}{32}$	$\frac{10}{32}$	$\frac{5}{32}$	$\frac{1}{32}$
実験 2 ($P=\frac{1}{6}$ のとき)	$\frac{3125}{7776}$	$\frac{3125}{7776}$	$\frac{1250}{7776}$	$\frac{250}{7776}$	$\frac{25}{7776}$	$\frac{1}{7776}$

において，$n=5, p=\frac{1}{2}$ と $n=5, p=\frac{1}{6}$ の場合を考えれば計算できます．

特に，前節の例題 9.1 では，棄却域は「表が 0 回」でしたので，いずれも $k=0$ の場合で，

$$\text{有意水準}: \alpha = P(X=0) = \frac{1}{32}$$

$$\text{検出力} : 1-\beta = P(X=0) = \frac{3125}{7776}$$

とわかります．

次節では，棄却域が「表が 4 回以上」の場合について，この表 9.5 を用いて有意水準と検出力の計算例を示します．

9.3 有意水準と検出力の計算例

この節では，例題 9.1 のコイン投げ実験において，判定のルールだけを変えて，棄却域が複数の事象からなる場合に変更します．例えば，5 回投げて「**表が 4 回以上**」だったら帰無仮説を棄却して，「実験 2：表が出にくい」と判断することにします．

このとき，棄却域は「表が 4 回または 5 回」となります．このような場合，「表が 4 回」と「表が 5 回」という 2 つの事象は互いに排反です．第 2 章で述べたように，排反な事象の和集合については，各々の事象の確率の和を考えればよいので，各事象ご

との確率を計算します．

9.3.1 有意水準の計算

まず,「実験 1（3 つの面が表）」が帰無仮説,「実験 2（1 つの面が表）」が対立仮説とします．表の出る確率 P を用いて,

$$\text{帰無仮説 } H_0 : P = \frac{1}{2} \text{ （コインは普通）}$$

$$\text{対立仮説 } H_1 : P = \frac{1}{6} \text{ （コインは表が出にくい）}$$

となります．

ここで有意水準は，帰無仮説（$P = \frac{1}{2}$）であるときの帰無仮説を棄却する確率で，**「表が 4 回以上」**の確率ですから，表 9.5 の実験 1 における 4, 5 回の確率から，

$$p_4 = \frac{5}{32}, \quad p_5 = \frac{1}{32}$$

とわかります．よって，有意水準 α は，以下のように計算できます．

$$\text{有意水準} : \alpha = p_4 + p_5 = \frac{5}{32} + \frac{1}{32} = \frac{6}{32}$$

9.3.2 検出力の計算

検出力は，対立仮説（$P = \frac{1}{6}$）であるときの帰無仮説を棄却する確率で，**「表が 4 回以上」**の確率ですから，表 9.5 の実験 2 における 4, 5 回の確率から，

$$p_4 = \frac{25}{7776}, \quad p_5 = \frac{1}{7776}$$

とわかります．よって，検出力 $1 - \beta$ は，以下のように計算できます．

$$\text{検出力} : 1 - \beta = p_4 + p_5 = \frac{25}{7776} + \frac{1}{7776} = \frac{26}{7776}$$

ここで，非常に低い検出力に注目してください．そもそも「表が出にくい」ことを見つけたいときに，「表が 4 回以上」になったら「表が出にくい」と考えるでしょうか？

表が出にくいことを見つけたいなら，表の回数が小さいときに帰無仮説を棄却して，「表が出にくい」と判断するのが自然ですが，今回の棄却域である「表が 4 回以上」は，その逆になっています．このことが，コインの（表が出にくい）異常を見つける確率である検出力が低い理由です．

検出力とは，この例でいうと，おかしなコインをおかしいと見つける確率です．私たちには，検定の考え方を学ぶ前から，検出力が低い手法を避ける，という直感が備わっています．このように，検出力は非常に自然なアイデアです．

9.4 仮説の立て方

コイン投げにおいて，帰無仮説を表の出る確率 P を用いて，$H_0 : P = \frac{1}{2}$ のように設定しました．また，サイコロの1の目が出る確率を P とおくと，帰無仮説は普通のサイコロで $P = \frac{1}{6}$ となります．一般的に，その状況で最も普通の状況を帰無仮説に設定します．そのため，**帰無仮説は等号**で表現されます．

これに対して，例えばコイン投げで表の出にくいコインであることを見つけたい場合は，本来，対立仮説は**興味のあること**をそのまま，$H_1 : P < \frac{1}{2}$ と設定します（例題 9.2 参照）．このように設定すると，「表が出にくい」ことに興味がある人は，誰でも同じ対立仮説となるので，逆に対立仮説を見ると何を見つけたかったかが明確になります．

例題 9.2　表が出にくいコイン実験
1枚のコインを投げるとき，普通のコインか**表が出にくい**コインかに興味があるとする．このとき，「表裏が半々」という普通のコインであることを帰無仮説に，「表が出にくい」ことを対立仮説と考える．このコインを5回投げて，表が出なければ「表が出にくい」と判断し，表が1回以上出れば「表裏が半々」と判断する．

$$\text{帰無仮説 } H_0 : P = \frac{1}{2} \text{（コインは普通）}$$
$$\text{対立仮説 } H_1 : P < \frac{1}{2} \text{（コインは表が出にくい）}$$

このとき，有意水準は $\alpha = P(X = 0 | P = \frac{1}{2}) = (1 - \frac{1}{2})^5 = \frac{1}{32}$ で，検出力は $1 - \beta = P(X = 0 | P < \frac{1}{2}) = (1 - P)^5$ である．

また，表の出やすいコインであることを見つける場合には，$H_1 : P > \frac{1}{2}$ とします．表が出にくいかまたは出やすいことを見つける場合には，$H_1 : P \neq \frac{1}{2}$ とします．つまり，見つけたいことや立証したいことを，そのまま対立仮説に設定します．

では，どのように棄却域を設定し，対立仮説を棄却すればよいのでしょうか．ここで大切なことは，検出力が高くなるように棄却域を決めることです．

次章では，残された3つの課題である，① 帰無仮説を等号に設定する理由，② 立証したいことを対立仮説に設定する理由，③ よい棄却域の設定方法について，これらの根拠を説明します．このとき，最大のポイントは**検出力の計算**にあります．

> **コラム 9.4　裁判員制度における検定**
>
> 　裁判員には「証拠のみで判断する」ことが求められる．これは，検定において「データのみで判断する」ことと同じ観点である．ここで，帰無仮説は無実，対立仮説は犯人，また，無実であっても有罪（冤罪）となる誤りが第 1 種の誤りであり，犯人を無罪放免する誤りが第 2 種の誤りである．さらに，冤罪の可能性が有意水準であり，小さいことが求められる．また，犯人が検挙されて有罪になる確率は検出力であり，高いことが望ましい．
>
> 　しかし，人間が人間を裁く制度である「裁判」において，2 つの誤りがなくなることは決してない．裁判員は，独断に陥ることなく，両方の可能性を最後まで考えて，より良い判断を行うことが望まれている．これは，検定において帰無仮説と対立仮説という 2 つの仮説を，最後まで考えることと同じである．

9.5　まとめ

　検定の考え方で，最も重要なポイントは，最後まで，データをとってもなお，どちらの仮説が正しいか，わからないことです．そこで，真実がわからないことを嘆くことはやめて，両方の立場で考えていきます．その上で，いかに判断することが合理的か，方法論としての正しさを追求したものが検定です．検定の帰無仮説は**等号**に，対立仮説は**立証したいこと**に設定します．

章末問題 9

1. **検定の考え方**：あるサイコロの 1 の目が出る確率を P とおく．この確率 P が $\frac{1}{6}$ かどうかを検定したい．このサイコロを 5 回振って「1 の目の出た回数」によって調べるとき，以下の設問に答えよ．
1) この問題において，サイコロの 1 の目が出る確率に関する帰無仮説と対立仮説は何か．具体的に答えよ．
2) 2 つの誤りは何か．具体的に示せ．
3) 1 の目が 0 回出ることを棄却域とする．このときの有意水準と検出力を求めよ．
2. あなたは，初対面の相手が真面目な（遅刻しない）人間か，不真面目な（遅刻する）人間かを判断したいとする．判定ルールは「初対面から 10 回のうち 3 回以上遅刻したら不真面目である」とする．このとき，1) 2 つの仮説，2) 2 つの誤り，3) 2 つの確率，4) 棄却域を具体的に述べよ．

第10章　検定の最適性

──（この章のポイント）──
1) 棄却域の設定は，対立仮説に応じて右片側，左片側，両側がある．
2) 帰無仮説は，等号で設定して有意水準を計算できる．
3) 対立仮説は，立証したいことを設定して検出力を高くする．

──────── 理子と数也の会話 ────────
理子：前回の検定の話，なんか，ようわからんかったわ．
数也：普通のことを帰無仮説に，示したいことを対立仮説に決めるんちゃう．
理子：それで？
数也：まず，普通の状況なのに，あんまり，騒ぎ立てたくはないので，
理子：そっちはわかる．その確率，**有意水準** を低く設定するのよね．
数也：また，普通じゃあないときには，出来るだけ見つけたいでしょ．
理子：うん．それはそうやけど．
数也：普通じゃないときに，これを見つける確率（**検出力**）が大きいと嬉しい．
理子：どっちにしても，データのみで判断するんやね．そこはわかったわ．
数也：まあ，今回と併せて，2回で検定がわかればいいんとちゃう．

第9章では，検定の考え方と主な用語，帰無仮説と対立仮説の立て方，真実と判断の食い違いが2種類あること，そして，これらの誤りの確率に重要な意味があることを説明しました．

まず，10.1節で，対立仮説をどう選択するかを紹介します．次に，10.2節で，片側検定と両側検定がどういうものか説明します．10.3節では，帰無仮説は等号，対立仮説は立証したいことに設定する理由を述べます．10.4節では，棄却域の決め方を議論します．

10.1 対立仮説の選択

前章の例題9.2のコイン投げ実験において，普通のコインではないという状況は「表が出にくい」だけではありません．9.4節でも述べたように，「表が出やすい」という異常も考えられますし，「どちらかはわからないけれど表と裏が同じように出るわけではない」という異常も考えられます．

これらの異常は，コインの表の出る確率 P を用いて，$P < \frac{1}{2}$, $P > \frac{1}{2}$, $P \neq \frac{1}{2}$ と表せます．これらの中で，見つけたい異常を**対立仮説**に設定します．

10.2　片側検定と両側検定

前節で述べたように，対立仮説には見つけたい異常を設定します．このとき，対立仮説によって，お勧めの棄却域があります．表が出やすいことを見つけたいとき，棄却域は「表の回数が多い方だけ」設定します．また，表が出にくいことを見つけたいとき，棄却域は「表の回数が少ない方だけ」設定します．これらは棄却域が片側ですので，**片側検定**といい，多い方だけのときに**右片側検定**，少ない方だけのときに**左片側検定**ともいいます．ここで，棄却域が「4 回以上」のとき，4 回が**棄却限界値**です．

あるいは，表裏が半々でないことを見つけたいとき，棄却域は「表の回数が多い方と少ない方の両方に設定」します．この棄却域は両側ですので，**両側検定**といいます．

表 10.1: コイン投げにおける対立仮説と棄却域

検定名称	興味の対象	対立仮説	棄却域
右片側検定	大きいか	$P > \frac{1}{2}$	$\{5\}, \{5,4\}, \{5,4,3\}, \{5,4,3,2\}, \cdots$
左片側検定	小さいか	$P < \frac{1}{2}$	$\{0\}, \{0,1\}, \{0,1,2\}, \{0,1,2,3\}, \cdots$
両側検定	異なるか	$P \neq \frac{1}{2}$	$\{0,5\}, \{0,4,5\}, \{0,1,5\}, \{0,1,4,5\}, \cdots$

10.3　仮説の設定方法とは

この節では，帰無仮説と対立仮説をどう設定したらよいかと，その理由を述べます．そもそも，検定には 2 つの誤りの確率がありますが，検定には，適用基準というべき次のルールがあります．

　　　　適用基準：有意水準が一定以下のうちで，検出力を最大にする

例えば，例題 9.2 で表の出にくいコインを見つける実験において，$P = \frac{1}{2}$ の下での確率 $P(X=0) = \frac{1}{32}$ は計算できますが，$P < \frac{1}{2}$ の下での確率 $P(X=0) = (1-P)^5$ は P の式になります．つまり，帰無仮説を等号 $P = \frac{1}{2}$ とすれば，そのときの確率である有意水準が計算できることになり，上記の適用基準の前半を満たし好都合です．これが，**帰無仮説は等号**を設定する理由です．

また，対立仮説の下で，間違う確率 β を低くすれば，正しく判断する確率 $1-\beta$ が高くなります．つまり対立仮説に「立証したいこと」を設定した場合は，検出力が高いほど，立証できる可能性が高くなり，こちらも好都合です．これが，**対立仮説は立証したいことを設定する理由**です．

10.4 棄却域の設定方法

10.2 節では，実際に用いられるお勧めの手法として，片側検定と両側検定を紹介しました．ではなぜ，このような端から連続した棄却域に限定されるのでしょうか．この疑問に答えるには，まず，次の例題から説明します．

例題 10.1 サイコロ実験

サイコロの 1 の目が出る確率 P について，仮説検定を行う．調べたいことは，普通のサイコロ ($P=\frac{1}{6}$) か，そうでないか ($P \neq \frac{1}{6}$) とする．

帰無仮説 $H_0 : P = \dfrac{1}{6}$ （サイコロは 1 の目の出方に関して普通）

対立仮説 $H_1 : P \neq \dfrac{1}{6}$ （サイコロは 1 の目の出方に関して普通でない）

第 1 種の誤り：真実は $P = \dfrac{1}{6}$ なのに，$P \neq \dfrac{1}{6}$ と判断する誤り

第 2 種の誤り：真実は $P \neq \dfrac{1}{6}$ なのに，$P = \dfrac{1}{6}$ と判断する誤り

このとき，5 回サイコロを投げて 1 の目が何回出るかを数えて，判断を行うとする．表 10.2 の棄却域を設定したとき，**有意水準**と**検出力**を計算せよ．

この例題 10.1 で，1 の目が 4 回出ることを棄却域に設定した場合，

$$\text{有意水準}: \alpha = 5\left(\frac{1}{6}\right)^4\left(\frac{5}{6}\right) = \frac{25}{7776}$$

$$\text{検出力} \quad : 1 - \beta = 5P^4(1-P)$$

となることがわかります．この棄却域における検出力は，$P = \frac{4}{5}$ のときに最大になります．そんなサイコロが現実にあるとは思えませんが，棄却域としては，このあたりの場合に，最も異常を見つけやすくなっていると考えられます．

ここで，最も特徴的な棄却域を 2 つ紹介します．

棄却域 $R\{5\}$：1 の目が 5 回

棄却域 $R\{0\}$：1 の目が 0 回

第10章 検定の最適性

表 10.2: いろいろな棄却域の場合の有意水準と検出力

棄却域	有意水準	検出力 ($P \neq \frac{1}{6}$)
5	$(\frac{1}{6})^5 = \frac{1}{7776}$	P^5
4	$5(\frac{1}{6})^4(\frac{5}{6}) = \frac{25}{7776}$	$5P^4(1-P)$
3	$10(\frac{1}{6})^3(\frac{5}{6})^2 = \frac{250}{7776}$	$10P^3(1-P)^2$
2	$10(\frac{1}{6})^2(\frac{5}{6})^3 = \frac{1250}{7776}$	$10P^2(1-P)^3$
1	$5(\frac{1}{6})(\frac{5}{6})^4 = \frac{3125}{7776}$	$5P(1-P)^4$
0	$(\frac{5}{6})^5 = \frac{3125}{7776}$	$(1-P)^5$
4, 5	$5(\frac{1}{6})^4(\frac{5}{6}) + (\frac{1}{6})^5 = \frac{26}{7776}$	$5P^4(1-P) + P^5$
3, 4, 5	$10(\frac{1}{6})^3(\frac{5}{6})^2 + 5(\frac{1}{6})^4(\frac{5}{6}) + (\frac{1}{6})^5 = \frac{276}{7776}$	$10P^3(1-P)^2$ $+5P^4(1-P) + P^5$
2, 3, 4, 5	$1 - (\frac{5}{6})^5 - 5(\frac{1}{6})(\frac{5}{6})^4 = \frac{1526}{7776}$	$1 - (1-P)^5 - 5P(1-P)^4$
0, 1	$(\frac{5}{6})^5 + 5(\frac{1}{6})(\frac{5}{6})^4 = \frac{6250}{7776}$	$(1-P)^5 + 5P(1-P)^4$
0, 5	$(\frac{5}{6})^5 + (\frac{1}{6})^5 = \frac{3126}{7776}$	$(1-P)^5 + P^5$

まず，**棄却域 $R\{5\}$** では，1の目が必ず出るサイコロ ($P=1$) のとき，検出力は $1-\beta=1$ となっています．単独の棄却域で，このような性質をもつのは，**棄却域 $R\{5\}$** のみです．複数の場合をもつ棄却域であっても，棄却域が5回を含む場合には，この性質をもちます．**右片側検定**に，必ず5回を含めるとよいことが，この性質からわかります．

一方，**棄却域 $R\{0\}$** でも，1の目が出ないサイコロ ($P=0$) のとき，検出力は $1-\beta=1$ となります．単独の棄却域で，このような性質をもつのは，**棄却域 $R\{0\}$** のみです．複数の場合をもつ棄却域であっても，0回を含む場合には，この性質をもちますので，**左片側検定**には0回を含めます．

最後に，これらの性質を併せもつ棄却域を紹介します．

棄却域 $R\{0, 5\}$：1の目が0回または5回

この棄却域は，必ず1が出るサイコロでも，絶対に出ないサイコロでも，検出力が $1-\beta=1$ となります．棄却域が0回と5回の両方を含む場合にも，この性質が成り立ちます．この意味で，**両側検定**には，必ず0回と5回を含めます．

ここで大事なポイントは，棄却域と検出力が対応していることです．検出力を高くしたいときには，それに応じた棄却域を設定する必要があります．例えば，1の目の回数が多い方だけに棄却域を設けると，1の目の確率が高くなったときしか見つけることができません．また，1の目の回数が少ない方だけに棄却域を設けると，1の目の

確率が低くなったときしか見つけることができません．このように，**検定の最適性**は，「検出力を最大にする棄却域を設定すること」で達成されます．

補足：「3回または5回」のように間が抜ける**棄却域** $R\{3,5\}$ もありえます．これは「4回」が含まれていないため，$P = \frac{4}{5}$ に対する検出力が低い，不自然な棄却域です．このような考えから，10.2節の表10.1で紹介した，端から連続した棄却域のみに限定しています．

10.5　実際の運用基準

前節で，右片側検定では右片側の棄却域が，検出力を高くするためにお勧めであることを示しました．では，実際の適用場面では，どの右片側棄却域を用いれば良いでしょうか．これには，前節で述べた適用基準を，更に限定した，次の**運用基準**が必要です．

運用基準：有意水準を（多くても）5% までにして，検出力を最大にする

実際に検定をデータに適用するときは，有意水準を 5% 以下や 1% 以下に抑えつつ，検出力を高くするように行われています．この 5% という値には何か意味があるわけではなく，大体このくらいが一般常識として適切かな，といった話ですが，非常に長い間，一般的に用いられていることも事実です．ということで，5% 以外の基準を用いる場合は，(理不尽ですが) 設定した人の責任で，理由を述べることになります．そこで，今後この本では，5% を上の運用基準として設定することにします．この運用基準の背景を次のコラム 10.1 で，計算例を以下の例題 10.2 で示します．

> **コラム 10.1　5 連敗は，やな感じ?!**
> 実力が伯仲している A 君と B 君がいて，ある日を境に A 君が B 君に連敗し始めたとしよう．このとき，A 君はどう思うだろうか？　恐らく 2 連敗や 3 連敗では「たまたま負けただけ」と思うだろう．しかし数が増すにつれて，例えば **5 連敗あたり**で，実力差を感じるかもしれない．
> 今，実力差がないという帰無仮説における「5 連敗」の確率が，$(\frac{1}{2})^5 = \frac{1}{32} =$ 約 3% で初めて 5% を下回ることになっている．このように，我々は日常的に，5% を目安に検定を行っているのかもしれない…．

例題 10.2　コイン 6 回投げ実験

あるコインの表が出る確率を P とおく．今から，この確率が $\frac{1}{2}$ かどうかを，このコインを 6 回投げて，表が何回出たかを数える実験によって調べたい．このときの棄却域は，表 10.3 の 3 つに分類できる．

第 10 章 検定の最適性

表 10.3: コイン 6 回投げ実験の棄却域

検定名称	興味の対象	対立仮説	棄却域
右片側検定	大きいか	$P > \frac{1}{2}$	{6}, {6,5}, {6,5,4}, {6,5,4,3}, ⋯
左片側検定	小さいか	$P < \frac{1}{2}$	{0}, {0,1}, {0,1,2}, {0,1,2,3}, ⋯
両側検定	異なるか	$P \neq \frac{1}{2}$	{0,6}, {0,5,6}, {0,1,6}, {0,1,5,6}, ⋯

これらの棄却域の中で，前述の運用基準を満たすものは，以下の 3 つである．

1) **R{0}**   (0 回のみ)
2) **R{6}**   (6 回のみ)
3) **R{0, 6}** (0 回または 6 回)

これらの中から，興味の対象に合致した棄却域を選べばよい．また，この段階で選択肢が複数あったら，検出力が大きい方の棄却域を選べばよい．

コラム 10.2　ランダマイズテスト

　検定を「有意水準が 5% 以下」という運用基準で実行すると，一般的には 5% より小さい有意水準になる．これを改善する目的で，棄却限界値の付近では乱数などを用いて，棄却するかどうかを判断し，有意水準を 5% 以下に保ちつつ，検出力を上げる検定方法がある．これを**ランダマイズテスト**という．例題 10.3 にランダマイズテストの具体例を示す．

例題 10.3　ランダマイズテストの例：
サイコロを 2 回投げて，1 の目が出る確率 P に関して，$H_0: P = \frac{1}{6}$ を検定する場合，1 の目の出る回数 X を用いて，以下のように帰無仮説を棄却するかどうかを決める．
このとき，全体としての有意水準と検出力は，以下のようになる．

$$\text{有意水準}: \alpha = \frac{1}{36} + \frac{10}{36} \times \frac{0.8}{10} = \frac{1.8}{36} = \frac{1}{20} = 0.05$$

$$\text{検出力}: 1 - \beta = P^2 + 2P(1-P) \times \frac{0.8}{10}$$

実は，検出力を高くするにはもう 1 つ方法があります．それは**データ数を増やす**ことです．しかし，これには，お金と時間と労力がかかるので，一般的には許されません．検定とは，有限の資源を最大限に活用するため，**極力少ないデータ数**で，1 つ目の誤りの確率をある程度に抑えておいて，もう 1 つの誤りをできるだけ起こらないように棄却域を設定することです．このことが，**検定の考え方**の根本原理です．

表 10.4: ランダマイズテストの棄却する場合

場合	確率	帰無仮説	
1) $X=0$ のとき	$\frac{25}{36}$	必ず	棄却しない
2) $X=1$ のとき	$\frac{10}{36}$	$\frac{9.2}{10}$ の確率で	棄却しない
		$\frac{0.8}{10}$ の確率で	棄却する
3) $X=2$ のとき	$\frac{1}{36}$	必ず	棄却する

補足：$X=1$ のとき，棄却するかどうかは乱数を用いる．

10.6 まとめ

　検定とは，興味のある問題を，2つの仮説に表現することから始めます．コイン投げであれば，普通のコインか，表の出にくいコインか，のような仮説です．このうち，等号を意味する仮説，すなわち，普通の仮説を帰無仮説にします．また，自分が見つけたいこと，立証したいことを対立仮説にします．

　この後，実際にデータを取って，この結果で，どちらの仮説が正しいかを判断します．例えば，5回コインを投げて表の出た回数を用いる場合，自分が見つけたいこと，つまり対立仮説によって，望ましい棄却域が定まります．

　さらに，帰無仮説が正しいときに，間違って対立仮説であると判断する誤りの確率である有意水準が，5% 以下となる検定の中で，最も検出力の高い棄却域が選ばれます．このように，検定とは，1つ目の誤りの確率を抑えつつ，もう1つの誤りも小さくするように棄却域を決める方法論です．

章末問題 10

1. コインの表の出る確率を P とする．このコインが普通のコインか，表の出やすいコインかを，コインを6回投げて，表が何回出るかで判断するとき，有意水準が 5% のランダマイズテストを構成せよ．

第11章　1つの母集団のデータ分析

―（この章のポイント）――
1) 標本平均 $\overline{X}$ は，$N(\mu, \frac{\sigma^2}{n})$ に従う．
2) 平方和 S と母分散 σ^2 の比は，$\chi^2(n-1)$ 分布に従う．
3) 母分散 σ^2 に標本分散 V を代入すると，t 分布が導かれる．

――――――――理子と数也の会話――――――――
理子：いよいよ，実際のデータの話が始まるらしいな．
数也：うん，いよいよやな！　でもオレ，まだちょっと不安やわ．
理子：私も．検定の考え方が自然だというのはわかったんやけど．
数也：すごっ！　僕は，有意水準やら，検出力やら，ごちゃごちゃや．
理子：えへへー．私，細かいこと，気にせえへんから，大丈夫！
数也：え，それ，分かってないやんか．
理子：そうとも言う！
数也：（こりゃダメだ…）そういえば先生さ，**推定**も話すって言ってたなあ．推定って何やろ？

まず，次の例題を見て下さい．

例題 11.1　ある製品の重要特性は，接着強度である．今回強度を上げるための対策をとった後に，試作品を 10 個作り，その強度を測定し以下の表 11.1 のデータを得た．

表 11.1: データ表（単位省略）

65	68	62	70	66	66	61	64	65	70

検定とは，調べたいことを対立仮説に設定し，普通の状況を帰無仮説にすることで，合理的で客観的な判断基準を提供してくれる方法です．これは，普通の状況でも 5% の確率で間違うことを許せば，立証したいことを見つける確率が高くなる効率的な方法になっています．

一方，興味の対象である母平均や母分散に対して，1つの統計量や，2つの統計量による区間で考えることを**推定**といいます．検定と推定はデータの分析の二本柱です．

11.1 母平均の分析（母分散既知）

この章では，例題 11.1 のデータのように 1 つの母集団を考え，このデータが正規分布に従うとき，この正規母集団 $N(\mu, \sigma^2)$ の母平均と母分散について分析します．まず 11.1 節では，母分散がわかっているときの母平均の分析，11.2 節では母分散が未知のときの母平均の分析，11.3 節では母分散の分析方法を紹介します．

仮定：$X_1, X_2, \cdots, X_n$ が，互いに独立で $N(\mu, \sigma^2)$ に従う．

11.1 母平均の分析（母分散既知）

この節では，母分散 σ^2 がわかっている（既知の値 σ_0^2）とします．この節の検定と推定の両方に用いる予備知識を，以下にまとめます．

11.1.1 この節で必要な予備知識

[11-1] $X_1, X_2, \cdots, X_n$ が独立で $N(\mu, \sigma_0^2)$ に従うならば，$\overline{X}$ は $N(\mu, \sigma_0^2/n)$ に従う．
[11-2] X が $N(\mu, \sigma^2)$ に従うならば，$u = \dfrac{X - \mu}{\sigma}$ は $N(0, 1)$ に従う．
[11-3] u が $N(0, 1)$ に従うとき，$P(|u| \geq 1.960) = 0.05$，$P(u \geq 1.645) = 0.05$．

理由：[11-1] は定理 6.9，[11-2] は定理 4.2，[11-3] は付表 1 からわかる．

11.1.2 推定とは

ある母集団から標本 $(X_1, X_2, \cdots, X_n)$ をとり，母平均 μ に対して 1 つの統計量 $\overline{X}$ を考えることを，**点推定**といいます．このとき，$\overline{X}$ は μ の**点推定量**といい $\hat{\mu}$（ミューハットと読む）$= \overline{X}$ と表現します．一方，実際にデータ $x_1, \cdots, x_n$ を取った場合は，その平均値 $\overline{x}$ のことを**点推定値**と呼びます．

また，2 つの統計量 L, U で区間 $[L, U]$ を作り，これで母平均を推定することを，**区間推定**といいます．区間推定では，母平均がこの区間に含まれる確率 $P = P(L \leq \mu \leq U)$

> **コラム 11.1　不偏推定と最尤推定**
>
> 　第 7 章のコラム 7.3 で述べたように，標本分散 V の期待値は，母分散 σ^2 に一致する．一般的に，推定したい母数 θ に対して，その推定量 $\hat{\theta}$ が，$E(\hat{\theta}) = \theta$ を満たすとき，この推定量には**不偏性**があるといい，この推定量を**不偏推定量**と呼ぶ．
> 　また，同時密度関数や同時確率関数を，母数の関数（尤度関数）$L(\theta)$ と見なして，これを最大にする母数の値を推定量とする考え方もある．このアイデアで得られた推定量は，**最尤推定量**と呼ばれる．
> **具体例**：正規分布 $N(\mu, \sigma^2)$ から得られた標本 $(X_1, \cdots, X_n)$ における，母分散 σ^2 の不偏推定量は $V = S/(n-1)$ であり，最尤推定量は S/n である．

が高いほど，信頼できる区間となるので，P のことを**信頼率**と呼びます．なお本書では，信頼率が 0.95 の区間を求めます．そこで区間 $[L, U]$ を信頼率 95% の**信頼区間**，L を**信頼下限**，U を**信頼上限**と呼びます．

11.1.3 母平均の区間推定の構成（母分散既知）

予備知識 [11-1], [11-2] より $\overline{X}$ を標準化して，次の式を得ます．

$$u = \frac{\overline{X} - \mu}{\sqrt{\sigma_0^2/n}} \sim N(0, 1) \tag{11.1}$$

注意：$\sim$ という記号は「u が標準正規分布 $N(0,1)$ に従う」ことを表します．

さらに，前項の予備知識 [11-3] より

$$P(-1.960 \leq u \leq 1.960) = 0.95 \tag{11.2}$$

ですので，(11.2) 式の u に (11.1) 式を代入すると

$$P\left(-1.960 \leq \frac{\overline{X} - \mu}{\sqrt{\sigma_0^2/n}} \leq 1.960\right) = 0.95$$

となります．この ( ) 内を μ に関して解くと，

$$\overline{X} - 1.960\sqrt{\frac{\sigma_0^2}{n}} \leq \mu \leq \overline{X} + 1.960\sqrt{\frac{\sigma_0^2}{n}}$$

という μ に関する区間ができます．これが**信頼率 95% の信頼区間**です．

補足：このように，区間推定は，母数に関連する統計量の分布から行うことができます．

コラム 11.2 推定における有効桁数は何桁まで？

母平均 μ の点推定値は，$\bar{x}$ である．JIS（日本工業規格）では「データ数が 10 ～ 50 程度である場合，平均値は元のデータの 1 桁下まで」との目安がある．そのため，本書の数値例では，「元のデータの 1 桁下まで」とする．また信頼下限，信頼上限も，点推定値から求めるのでこれに準ずる．

11.1.4 母平均の検定（母分散既知）

例えば，ある製品の接着強度の母平均が従来は μ_0 であり，この強度を上げたいとします．このとき，帰無仮説は等号で $H_0 : \mu = \mu_0$，対立仮説は立証したいことで $H_1 : \mu > \mu_0$ となります．まず (11.1) 式を再掲します．

$$u = \frac{\overline{X} - \mu}{\sqrt{\sigma_0^2/n}} \sim N(0, 1) \tag{11.1}$$

11.1 母平均の分析（母分散既知）

ここで，帰無仮説 $\mu = \mu_0$ での u の値を u_0 とおくと，

$$\text{検定統計量}: u_0 = \frac{\overline{X} - \mu_0}{\sqrt{\sigma_0^2/n}} \tag{11.3}$$

が得られます．この u_0 のことを**検定統計量**といい，データが得られたら，必ず計算できます．

この検定統計量は，帰無仮説が成り立つときには，(11.1), (11.3) 式より，

$$\text{帰無仮説が成り立つとき}: u_0 = \frac{\overline{X} - \mu_0}{\sqrt{\sigma_0^2/n}} \sim N(0, 1) \tag{11.4}$$

となり，標準正規分布 $N(0,1)$ に従います．

また，強度が上がったかどうか見つけたいときの棄却域は，以下の右片側棄却域を設定します．

$$\text{棄却域} R: u_0 \geq u(0.05) = 1.645$$

一般的に，検定統計量とは必ず計算でき，これを用いて棄却域を設定しますので，検定結果の判断に用いることができます．検定の良し悪しを決める最も重要な要素です．

ここで，有意水準を考えましょう．有意水準とは，帰無仮説が成り立つとき，u_0 が棄却域に入る確率，すなわち 1.645 より大きくなる確率です．ここで，u_0 は帰無仮説が成り立つときは標準正規分布 $N(0,1)$ に従うことと併せて考えると，棄却域に入る確率は 0.05 です．つまり，有意水準は $\alpha = 0.05$ とわかります．

また，対立仮説 $H_0: \mu > \mu_0$ が成り立つときは，(11.5) 式を見れば，u_0 が u より大きくなるため，棄却域は大きい側（右側）に設定することがお勧めです．

$$u_0 = \frac{\overline{X} - \mu_0}{\sqrt{\sigma_0^2/n}} = \frac{\overline{X} - \mu}{\sqrt{\sigma_0^2/n}} + \frac{\mu - \mu_0}{\sqrt{\sigma_0^2/n}} > \frac{\overline{X} - \mu}{\sqrt{\sigma_0^2/n}} = u \tag{11.5}$$

また，立証したいことが，従来 μ_0 より母平均 μ が小さくなっているかどうかを調べたいときは，対立仮説は $H_1: \mu < \mu_0$ とします．これは左片側検定となります．立証したいことが，従来と異なるかどうかを調べたいときは，対立仮説は $H_1: \mu \neq \mu_0$ とし，両側検定を行います（表 11.2 参照）．

11.1.5 母平均の分析例（母分散既知）

例題 11.2 ある製品の接着強度は従来，母平均が 64，母分散が $(2.4)^2$ であった．今回，強度を上げるための対策をとった後に，試作品を 10 個作り，その強度を測定して前掲の表 11.1 のデータを得た．母分散は従来と**変わらない**（$\sigma_0^2 = 2.4^2$）として，従来より強度が上がったかどうかを有意水準 5% で検定せよ．また，対策後の強度の母平均 μ を信頼率 95% で区間推定せよ．

表 11.2: 興味の対象（対立仮説）による検定方法の違い

検定名称	興味の対象	帰無仮説	対立仮説	棄却域
右片側検定	大きいか	$\mu = \mu_0$	$\mu > \mu_0$	$u_0 \geq u(0.05) = 1.645$
左片側検定	小さいか	$\mu = \mu_0$	$\mu < \mu_0$	$u_0 \leq -u(0.05) = -1.645$
両側検定	異なるか	$\mu = \mu_0$	$\mu \neq \mu_0$	$|u_0| \geq u(0.025) = 1.960$

解答：
(1) 対策後の強度に関する検定
　まず，帰無仮説は等号であるから $\mu = 64$ である．対立仮説は，立証したい事柄であるから「強度が上がった」，つまり，$\mu > 64$ を設定する．

手順 1：帰無仮説と対立仮説

$$H_0 : \mu = \mu_0 \quad (\mu_0 = 64)$$
$$H_1 : \mu > \mu_0$$

手順 2：有意水準と棄却域（表 11.2 より）

$$\alpha = 0.05$$
$$R : u_0 \geq u(0.05) = 1.645$$

手順 3：検定統計量の計算

$$\sum_{i=1}^{n} x_i = 657 \,,\, \overline{x} = \frac{657}{10} = 65.7$$
$$u_0 = \frac{\overline{x} - \mu_0}{\sqrt{\sigma_0^2/n}} = \frac{65.7 - 64}{\sqrt{2.4^2/10}} = 2.240$$

手順 4：判定と結論
　$u_0 = 2.240 \geq 1.645 = u(0.05)$ より，帰無仮説は棄却される．したがって，有意水準 5% で対策後の強度は**上がったといえる**[注1]．

注 1：検定の結果,「帰無仮説が棄却される」との結論が出たときには，これが間違っている確率は，有意水準である 5 % 以下である．だから，断定的に言い切ってよい．

(2) 対策後の強度の推定
手順 1：点推定

$$\widehat{\mu} = \overline{x} = 65.7$$

手順2：区間推定（信頼率95%）

信頼上限：$\bar{x} + u(0.025)\sqrt{\sigma_0^2/n} = 65.7 + 1.960\sqrt{2.4^2/10} = 65.7 + 1.5 = 67.2$

信頼下限：$\bar{x} - u(0.025)\sqrt{\sigma_0^2/n} = 65.7 - 1.960\sqrt{2.4^2/10} = 65.7 - 1.5 = 64.2$

手順3：結論

したがって，対策後の強度は点推定値で65.7であり，信頼率95%の信頼区間は(64.2, 67.2)である．

11.2 母平均の分析（母分散未知）

この節では，母分散σ^2がわかっていない（未知）とします．この節で必要な予備知識を，以下にまとめます．

11.2.1 この節で必要な予備知識

[11-4] $X_1, X_2, \cdots, X_n$が独立で$N(\mu, \sigma^2)$に従うとする．このとき

$$t = \frac{\bar{X} - \mu}{\sqrt{V/n}}$$ は，自由度$\phi = n-1$のt分布$t(\phi)$に従う．

[11-5] tが$t(\phi)$に従うとき$P\{|t| \geq t(\phi, 0.025)\} = 0.05$，$P\{t \geq t(\phi, 0.05)\} = 0.05$．

理由：[11-4]は定理7.2, [11-5]は7.8節の分位点の定義からわかる．
補足：なお，$t(\phi, 0.025)$, $t(\phi, 0.05)$は，付表3のt分布表から求められる．

11.2.2 母平均の区間推定の構成（母分散未知）

前項の予備知識[11-5]より

$$P\{-t(\phi, 0.025) \leq t \leq t(\phi, 0.025)\} = 0.95 \qquad (11.6)$$

ですので，(11.6)式のtに，予備知識[11-4]のtを代入すると，$\phi = n-1$として，

$$P\left\{-t(\phi, 0.025) \leq \frac{\bar{X} - \mu}{\sqrt{V/n}} \leq t(\phi, 0.025)\right\} = 0.95$$

となります．この$\{\ \}$内をμに関して解くと，

$$\bar{X} - t(\phi, 0.025)\sqrt{\frac{V}{n}} \leq \mu \leq \bar{X} + t(\phi, 0.025)\sqrt{\frac{V}{n}}$$

という μ に関する区間ができます．これが**信頼率 95% の信頼区間**です．

11.2.3 母平均の検定（母分散未知）

この節で用いる**検定統計量**は，次の t_0 です．

$$\text{検定統計量：} t_0 = \frac{\overline{X} - \mu_0}{\sqrt{V/n}}$$

この t_0 は予備知識 [11-4] より，帰無仮説 $\mu = \mu_0$ の下で自由度 $n-1$ の t 分布に従います．このとき，興味の対象と棄却域は，表 11.3 のようになります．

表 11.3: 興味の対象（対立仮説）による検定方法の違い

検定名称	興味の対象	帰無仮説	対立仮説	棄却域 ($\phi = n-1$)
右片側検定	大きいか	$\mu = \mu_0$	$\mu > \mu_0$	$t_0 \geq t(\phi, 0.05)$
左片側検定	小さいか	$\mu = \mu_0$	$\mu < \mu_0$	$t_0 \leq -t(\phi, 0.05)$
両側検定	異なるか	$\mu = \mu_0$	$\mu \neq \mu_0$	$|t_0| \geq t(\phi, 0.025)$

11.2.4 母平均の分析例（母分散未知）

例題 11.3 ある製品の接着強度は従来，母平均が 64 であった．今回，強度を上げるための対策をとった後に試作品を 10 個作り，その強度を測定して前掲の表 11.1 のデータを得た．母分散は**わからない**として，従来より強度が上がったかどうかを有意水準 5% で検定せよ．また，対策後の強度の母平均 μ を信頼率 95% で区間推定せよ．

解答：
(1) 対策後の強度に関する検定
まず，帰無仮説は等号であるから $\mu = 64$ である．対立仮説は，立証したい事柄であるから「強度が上がった」ということ，つまり，$\mu > 64$ を設定する．

手順 1：帰無仮説と対立仮説

$$H_0 : \mu = \mu_0 \quad (\mu_0 = 64)$$
$$H_1 : \mu > \mu_0$$

手順 2：有意水準と棄却域（表 11.3 より）

$$\alpha = 0.05$$
$$R : t_0 \geq t(\phi, 0.05) = t(10-1, 0.05) = 1.833$$

手順 3：検定統計量の計算

平均, 平方和を求めるために, 各データ x_i から仮平均 $x_0 = 60$ を引いて, $X_i = x_i - x_0$ として平方和を求める（表 11.4）. このとき, $x_i - \bar{x} = X_i - \bar{X}$ だから, 元データ x_i の偏差と仮平均を引いたデータ X_i の偏差は一致する. したがって, 求める平方和 $S = S_{XX}$ となる（コラム 1.5 参照）.

表 11.4: 計算補助表

No.	x_i	X_i	X_i^2
1	65	5	25
2	68	8	64
3	62	2	4
4	70	10	100
5	66	6	36
6	66	6	36
7	61	1	1
8	64	4	16
9	65	5	25
10	70	10	100
計	657	57	407

平均：$\sum_{i=1}^{n} X_i = 57$, $\bar{X} = \dfrac{57}{10} = 5.7$ より $\bar{x} = x_0 + \bar{X} = 60 + 5.7 = 65.7$

平方和：$\sum_{i=1}^{n} X_i^2 = 407$ より

$$S_{XX} = \sum_{i=1}^{n} X_i^2 - \left(\sum_{i=1}^{n} X_i\right)^2 / n = 407 - 57^2/10 = 82.10$$

自由度：$\phi = n - 1 = 10 - 1 = 9$

分散：$V = \dfrac{S}{\phi} = \dfrac{82.10}{9} = 9.122$

検定統計量：$t_0 = \dfrac{\bar{x} - \mu_0}{\sqrt{V/n}} = \dfrac{65.7 - 64}{\sqrt{9.122/10}} = 1.780$

手順 4：判定と結論

$t_0 = 1.780 < 1.833 = t(9, 0.05)$ より, 帰無仮説は棄却されない.

したがって, 有意水準 5% で対策後の強度は **上がったとはいえない** [注 2].

注 2：検定の結果が「帰無仮説が棄却されない」ときには，これが間違う確率は対立仮説によって変化する．そこで「証拠不十分」というような奥歯に物が挟まった言い方となる．

(2) 対策後の強度の推定
手順 1：点推定
$$\hat{\mu} = \overline{x} = 65.7$$
手順 2：区間推定（信頼率 95%）

$$信頼上限：\overline{x} + t(9, 0.025)\sqrt{V/n} = 65.7 + 2.262\sqrt{9.122/10}$$
$$= 65.7 + 2.2 = 67.9$$
$$信頼下限：\overline{x} - t(9, 0.025)\sqrt{V/n} = 65.7 - 2.262\sqrt{9.122/10}$$
$$= 65.7 - 2.2 = 63.5$$

手順 3：結論
したがって，対策後の強度は点推定値で 65.7 であり，信頼率 95% の信頼区間は (63.5, 67.9) である．

11.3　母分散の分析

この節では，母分散 σ^2 についての検定と推定の方法を紹介します．最初に，この節で用いる予備知識を，以下にまとめます．

11.3.1　この節で必要な予備知識

[11-6] $X_1, X_2, \cdots, X_n$ が独立で $N(\mu, \sigma^2)$ に従うとする．このとき
$$\chi^2 = \frac{S}{\sigma^2} \text{ は自由度 } \phi = n-1 \text{ の } \chi^2 \text{ 分布 } \chi^2(\phi) \text{ に従う．}$$
[11-7] χ^2 が $\chi^2(\phi)$ に従うとき，
$$P\{\chi^2 \geqq \chi^2(\phi, 0.025)\} = P\{\chi^2 \leqq \chi^2(\phi, 0.975)\} = 0.025,$$
$$P\{\chi^2 \geqq \chi^2(\phi, 0.05)\} = P\{\chi^2 \leqq \chi^2(\phi, 0.95)\} = 0.05.$$
理由：[11-6] は定理 7.1 の 4)，[11-7] は 7.8 節の分位点の定義からわかる．
補足：なお，$\chi^2(\phi, 0.025)$，$\chi^2(\phi, 0.05)$ などは，付表 2 の χ^2 分布表から求められる．

11.3.2　母分散の区間推定の構成

前項の予備知識 [11-7] より
$$P\{\chi^2(\phi, 0.975) \leqq \chi^2 \leqq \chi^2(\phi, 0.025)\} = 0.95 \tag{11.7}$$

ですので，(11.7) 式の χ^2 に，予備知識 [11-6] の χ^2 を代入すると $\phi = n-1$ として，

$$P\left\{\chi^2(\phi, 0.975) \leqq \frac{S}{\sigma^2} \leqq \chi^2(\phi, 0.025)\right\} = 0.95$$

となります．この { } 内を σ^2 に関して解くと，

$$\frac{S}{\chi^2(\phi, 0.025)} \leqq \sigma^2 \leqq \frac{S}{\chi^2(\phi, 0.975)}$$

という σ^2 に関する区間ができます．これが**信頼率 95% の信頼区間**です．

11.3.3 母分散の検定

例えば，ある製品の接着強度の母分散が σ_0^2 であり，このばらつきが減少したかどうか調べたいとします．このとき，帰無仮説は等号で $H_0 : \sigma^2 = \sigma_0^2$，対立仮説は立証したいことで $H_1 : \sigma^2 < \sigma_0^2$ となります．まず，11.3.1 項の予備知識 [11-6] より，次の式が成り立ちます．

$$\chi^2 = \frac{S}{\sigma^2} \sim \chi^2(\phi), \quad \phi = n-1 \tag{11.8}$$

ここで，帰無仮説 $\sigma^2 = \sigma_0^2$ での χ^2 の値を χ_0^2 とおくと，

$$\textbf{検定統計量} : \chi_0^2 = \frac{S}{\sigma_0^2} \tag{11.9}$$

が得られます．この χ_0^2 は，(11.8), (11.9) 式より，帰無仮説 $\sigma^2 = \sigma_0^2$ の下では自由度 $n-1$ の χ^2 分布に従います．

また，強度のばらつきが減少したかどうか見つけたいときの棄却域は，以下の左片側棄却域となります．

$$\textbf{棄却域 } R : \chi_0^2 \leqq \chi^2(\phi, 0.95)$$

この棄却域における有意水準 α は，帰無仮説が成り立つときには，χ_0^2 が自由度 $\phi = n-1$ の χ^2 分布に従うので，$\alpha = 0.05$ であることがわかります．

また，対立仮説 $H_1 : \sigma^2 < \sigma_0^2$ が成り立つときは，(11.10) 式を見れば，χ_0^2 が χ^2 より小さくなるため，棄却域は小さい側（左側）に設定することがお勧めです．

$$\chi_0^2 = \frac{S}{\sigma_0^2} = \frac{S}{\sigma^2} \times \frac{\sigma^2}{\sigma_0^2} < \frac{S}{\sigma^2} = \chi^2 \tag{11.10}$$

立証したいことが，従来 σ_0^2 より母分散 σ^2 が大きくなっているかどうかを調べたいときは，対立仮説は $H_1 : \sigma^2 > \sigma_0^2$ とします．これは右片側検定となります．立証したいことが，従来と異なるかどうかを調べたいときは，対立仮説は $H_1 : \sigma^2 \neq \sigma_0^2$ とし，両側検定を行います（表 11.5）．

表 11.5: 興味の対象（対立仮説）による検定方法の違い

検定名称	興味の対象	帰無仮説	対立仮説	棄却域 ($\phi = n-1$)
右片側検定	大きいか	$\sigma^2 = \sigma_0^2$	$\sigma^2 > \sigma_0^2$	$\chi_0^2 \geq \chi^2(\phi, 0.05)$
左片側検定	小さいか	$\sigma^2 = \sigma_0^2$	$\sigma^2 < \sigma_0^2$	$\chi_0^2 \leq \chi^2(\phi, 0.95)$
両側検定	異なるか	$\sigma^2 = \sigma_0^2$	$\sigma^2 \neq \sigma_0^2$	$\chi_0^2 \leq \chi^2(\phi, 0.975)$ または $\chi_0^2 \geq \chi^2(\phi, 0.025)$

11.3.4 母分散の分析例

例題 11.3 ある製品の接着強度は従来，母分散が $(5.0)^2$ であった．今回，強度について対策をとった後に試作品を 10 個作り，その強度を測定して前掲の表 11.1 のデータを得た．強度の母分散が，従来より小さくなったかどうかを有意水準 5% で検定せよ．また，対策後の強度の母分散を信頼率 95% で区間推定せよ．

解答：
(1) 対策後の強度の母分散に関する検定

まず，帰無仮説は等号であるから $\sigma^2 = 5.0^2$ である．対立仮説には，立証したい事柄を設定するので，「強度の母分散が小さくなった」ということ，つまり，$\sigma^2 < 5.0^2$ を設定する．

手順 1：帰無仮説と対立仮説

$$H_0 : \sigma^2 = \sigma_0^2 \quad (\sigma_0^2 = 5.0^2)$$
$$H_1 : \sigma^2 < \sigma_0^2$$

手順 2：有意水準と棄却域（表 11.5 より）
$\alpha = 0.05$
$R : \chi_0^2 \leq \chi^2(\phi, 0.95) = \chi^2(10-1, 0.95) = 3.33$

手順 3：検定統計量の計算
表 11.1 のデータから，表 11.4 を用いて平方和 S を計算すると，$S = 82.10$ を得る．

$$\chi_0^2 = \frac{S}{\sigma_0^2} = \frac{82.10}{5.0^2} = 3.28$$

手順 4：判定と結論
$\chi_0^2 = 3.28 \leq 3.33 = \chi^2(9, 0.95)$ より，帰無仮説は棄却される．したがって，有意水準 5% で対策後の強度の母分散は**小さくなったといえる**．

(2) 対策後の強度の母分散の推定

手順1：点推定
$$\hat{\sigma}^2 = V = \frac{S}{n-1} = \frac{82.10}{10-1} = 9.12$$

手順2：区間推定（信頼率95%）

$$\text{信頼上限：} \frac{S}{\chi^2(\phi, 0.975)} = \frac{S}{\chi^2(9, 0.975)} = \frac{82.10}{2.70} = 30.4$$

$$\text{信頼下限：} \frac{S}{\chi^2(\phi, 0.025)} = \frac{S}{\chi^2(9, 0.025)} = \frac{82.10}{19.02} = 4.32$$

手順3：結論

したがって，対策後の強度の母分散は点推定値で 9.12 であり，信頼率 95% の信頼区間は (4.32, 30.4) である．

> **コラム 11.3 従来の値は既知なのか？（ヒストリカルコントロール）**
>
> この章では，1つの母集団を想定し，従来の母平均が与えられており，改善されたかどうか，という問題設定がされている．工業製品を長期間量産している場合，従来のデータは大量にある．このような場合は，**ヒストリカルコントロール**（歴史的対照群）といって，従来の値が既知であると考えることができる（もちろん，長い間に製品の性能が変わることもあるが）．（→ **コラム 12.1** に続く）

11.4 まとめ

ある工業製品が，既に従来の方法で製造されており，性能を向上させるために新しい製造方法が考案されたとします．このようなとき，一般的には，製品が安定して製造されていることを意味する「ばらつきが減少」しているかどうかを確認します．

また，ばらつきが従来と同じ場合，母分散が既知だと解釈して，母平均が改善されたかどうかを調査することもあります．あるいは，母分散が変化している可能性があるのでこれが未知であると考え，母平均の調査を行うこともあります．1つの母集団のデータに関する分析方法としては，これら 3つの場合が考えられます．

章末問題 11

1. 母分散が既知 σ_0^2 の場合の母平均の検定において，右片側検定を行うとする．このとき，$\lambda = \frac{\mu_0 - \mu}{\sigma_0} = 1.0$ における検出力 $1 - \beta$ が 0.90 となるデータ数 n を求めよ（この考え方を，**サンプルサイズの設計**という）．

第12章 2つの母集団のデータ分析

――（この章のポイント）――
1) 正規分布同士の差も，また正規分布に従う．
2) 平方和の比は，F 分布に従う．
3) 母分散に標本分散を代入すると，t 分布が導かれる．

―――――――― 理子と数也の会話 ――――――――
理子：前回の1つの母集団の話には，あんまし具体例が無いって聞いたけど？
数也：ということは，意味ないってこと?!
理子：う～ん，そうなんかね？　そういうことなんちゃう？
数也：全然わかんないけど，今日は，**2つの比較**の話らしいよ．
理子：比較ってことは，標準薬と新薬の比較もできるんかな．
数也：え，標準薬ってナニソレ？
理子：今までで，一番効くってわかっている薬やて．
数也：ふ～ん．なるほど．そしたらそれより効いたら，めっちゃエエ薬やってこ
　　　とやね！

統計解析が必要となる最も一般的な状況は，2群比較だといわれています．最初に，次の例題 12.1 の状況を考えましょう．

例題 12.1　従来の手術法と新しい手術法における，手術の結果を評価する指標データを，以下の表 12.1 に示す．

表 12.1: 指標データ（単位省略）

手術法	データ										和	二乗和
従来法	31	23	29	31	30	24	27	30	31	27	283	8087
新手術法	24	30	22	21	23	26	25	24	21	−	216	5248

この章では，2つの母集団からのデータが正規分布に従う場合，これらの正規母集団 $N(\mu_1, \sigma_1^2)$, $N(\mu_2, \sigma_2^2)$ から，n_1, n_2 個のデータが得られたとき，各々の群の母平均や母分散に対する分析方法を説明します．

> **コラム 12.1　新薬開発の舞台裏（その1：2群比較の必要性）**
> 「新薬開発」の場面では，対照群のデータが変化することがある．ガン患者に対する外科手術法の対象者を考えよう．化学療法や放射線療法の技術向上により，外科手術が行われる対象が，より重症の患者のみに変化している．
> このような場合は，過去の対照群のデータは使えないので，臨床試験に参加する全患者をランダムに2群に分けて，半分の患者には標準的な手術法を，あとの半分の患者には新しい手術法を施す．このように，臨床試験では **2群比較**（や3群以上の比較）が一般的に行われる．

仮定 1：$X_{11}, X_{12}, \cdots, X_{1n_1}$ が，$N(\mu_1, \sigma_1^2)$ に従う．
仮定 2：$X_{21}, X_{22}, \cdots, X_{2n_2}$ が，$N(\mu_2, \sigma_2^2)$ に従う．

2つの母集団における分析で，多くの場合は母平均の大小に興味があると思います．しかし，母平均の分析には母分散が同じ場合の **t 検定**（12.2 節）と，母分散が異なる場合の **Welch の検定**（12.3 節）があり，手法が異なります．そこで，最初に母分散が同じかどうかを判断する必要があります．次節で，この手法を紹介します．

12.1　母分散の違いの分析

この節では，2つの母分散が同じかどうかを調べます．この節で用いる統計量は，各々の標本分散 V_1, V_2 です．まず，予備知識を以下にまとめます．

12.1.1　この節で必要な予備知識

[12-1] 統計量 $F = \dfrac{V_1/\sigma_1^2}{V_2/\sigma_2^2}$ は，自由度 (ϕ_1, ϕ_2) の F 分布に従う．

ここで，$\phi_1 = n_1 - 1$, $\phi_2 = n_2 - 1$ である．

[12-2] F が自由度 (ϕ_1, ϕ_2) の F 分布に従うとき，

$$P\{F \geqq F(\phi_1, \phi_2; 0.05)\} = 0.05,$$
$$P\{F \geqq F(\phi_1, \phi_2; 0.025)\} = 0.025.$$

[12-3]
$$F(n, m; 1-\alpha) = \frac{1}{F(m, n; \alpha)} \tag{12.1}$$

理由：[12-1] は定理 7.3, [12-2] と [12-3] は 7.8 節の分位点の定義と (7.9) 式からわかる．
補足：$F(\phi_1, \phi_2; 0.05)$, $F(\phi_1, \phi_2; 0.025)$ は，付表 4 の F 分布表から求められる．

12.1.2 母分散の比の区間推定の構成

予備知識 [12-1] より,次の式を得ます.

$$F = \frac{V_1/\sigma_1^2}{V_2/\sigma_2^2} \sim F(\phi_1, \phi_2) \tag{12.2}$$

さらに,予備知識 [12-2] より,

$$P\{F(\phi_1, \phi_2; 0.975) \leqq F \leqq F(\phi_1, \phi_2; 0.025)\} = 0.95 \tag{12.3}$$

ですので,(12.3) 式の F に (12.2) 式を代入すると,

$$P\left\{F(\phi_1, \phi_2; 0.975) \leqq \frac{V_1/\sigma_1^2}{V_2/\sigma_2^2} \leqq F(\phi_1, \phi_2; 0.025)\right\} = 0.05$$

となります.この { } 内を,分散比 $\dfrac{\sigma_1^2}{\sigma_2^2}$ に関して解くと,

$$\frac{V_1}{V_2} \times \frac{1}{F(\phi_1, \phi_2; 0.025)} \leqq \frac{\sigma_1^2}{\sigma_2^2} \leqq \frac{V_1}{V_2} \times \frac{1}{F(\phi_1, \phi_2; 0.975)} \tag{12.4}$$

という σ_1^2/σ_2^2 に関する区間ができます.しかし,この最後の項にある $F(\phi_1, \phi_2; 0.975)$ は F 分布表には掲載されていません.この値は,(12.1) 式を用いて,以下のように自由度が逆の 2.5% 点から求めます.

$$\frac{1}{F(\phi_1, \phi_2; 0.975)} = F(\phi_2, \phi_1; 0.025) \tag{12.5}$$

(12.5) 式を (12.4) 式に適用すると,次の式が得られます.

$$\frac{V_1}{V_2} \times \frac{1}{F(\phi_1, \phi_2; 0.025)} \leqq \frac{\sigma_1^2}{\sigma_2^2} \leqq \frac{V_1}{V_2} \times F(\phi_2, \phi_1; 0.025)$$

これが σ_1^2/σ_2^2 の**信頼率 95% の信頼区間**です.

12.1.3 母分散の違いの検定

例えば,従来法の母分散 σ_1^2 より,新治療法の母分散 σ_2^2 が小さいかどうかを調べたいとします.このとき,帰無仮説は等号で $H_0 : \sigma_1^2 = \sigma_2^2$,対立仮説は立証したいことで $H_1 : \sigma_1^2 > \sigma_2^2$ となります.まず (12.2) 式を再掲します.

$$F = \frac{V_1/\sigma_1^2}{V_2/\sigma_2^2} \sim F(\phi_1, \phi_2) \tag{12.2}$$

12.1 母分散の違いの分析

ここで，帰無仮説 $\sigma_1^2 = \sigma_2^2$ での F の値を F_0 とおくと，

$$\text{検定統計量}: F_0 = \frac{V_1}{V_2} \tag{12.6}$$

が得られます．この F_0 は (12.2) 式より，帰無仮説 $H_0: \sigma_1^2 = \sigma_2^2$ の下で，自由度 (ϕ_1, ϕ_2) の F 分布に従います．また，治療法のばらつきが減少したかどうかを見つけたいので，棄却域は以下の右片側棄却域となります．

$$\text{棄却域 } R: F_0 \geqq F(\phi_1, \phi_2, 0.05)$$

この棄却域における有意水準 α は，帰無仮説が成り立つときは F_0 が自由度 $(\phi_1, \phi_2) = (n_1 - 1, n_2 - 1)$ の F 分布に従うことから，$\alpha = 0.05$ であることがわかります．

また，対立仮説 $H_1: \sigma_1^2 > \sigma_2^2$ が成り立つときは，(12.7) 式を見れば，F_0 が F より大きくなるため，棄却域は大きい側（右側）に設定することがお勧めです．

$$F_0 = \frac{V_1}{V_2} = \frac{V_1/\sigma_1^2}{V_2/\sigma_2^2} \times \frac{\sigma_1^2}{\sigma_2^2} > \frac{V_1/\sigma_1^2}{V_2/\sigma_2^2} = F \tag{12.7}$$

従来の σ_1^2 より母分散 σ_2^2 が大きくなっているかどうかを調べたいときは，対立仮説は $H_1: \sigma_1^2 < \sigma_2^2$ とします．これは左片側検定となります．立証したいことが，従来と異なるかどうかを調べたいときは，特に**等分散性の検定（F 検定）**と呼ばれ，対立仮説は $H_1: \sigma_1^2 \neq \sigma_2^2$ とし，両側検定を行います（表 12.2 参照）．

表 12.2: 興味の対象（対立仮説）による検定方法の違い

検定名称	興味の対象	帰無仮説	対立仮説	棄却域
右片側検定	大きいか	$\sigma_1^2 = \sigma_2^2$	$\sigma_1^2 > \sigma_2^2$	$F_0 \geqq F(\phi_1, \phi_2, 0.05)$
左片側検定	小さいか	$\sigma_1^2 = \sigma_2^2$	$\sigma_1^2 < \sigma_2^2$	$F_0 \leqq F(\phi_1, \phi_2, 0.95)$
両側検定	異なるか	$\sigma_1^2 = \sigma_2^2$	$\sigma_1^2 \neq \sigma_2^2$	$F_0 \leqq F(\phi_1, \phi_2, 0.975)$ または $F_0 \geqq F(\phi_1, \phi_2, 0.025)$

12.1.4 母分散の違いの分析例

例題 12.2 従来の手術にかかる時間のばらつきが大きいので，ばらつきを小さくするための新しい手術法を考案し，表 12.1（既出）のデータを得た．従来法の母分散 σ_1^2 より，新手術法の母分散 σ_2^2 が小さくなったといえるかどうかを有意水準 5% で検定せよ．また，母分散の比 σ_1^2/σ_2^2 を信頼率 95% で区間推定せよ．

解答:
(1) 母分散が小さくなったかどうかの検定
手順 1:帰無仮説と対立仮説

$$H_0 : \sigma_1^2 = \sigma_2^2$$
$$H_1 : \sigma_1^2 > \sigma_2^2$$

手順 2:有意水準と棄却域(表 12.2 より)

$$\alpha = 0.05,\ \phi_1 = n_1 - 1 = 10 - 1 = 9,\ \phi_2 = n_2 - 1 = 9 - 1 = 8$$
$$R : F_0 \geqq F(\phi_1, \phi_2, 0.05) = F(9, 8; 0.05) = 3.39$$

手順 3:検定統計量の計算
各群における平方和は,和と二乗和から,以下のように求められる.

$$S_1 = \sum_{i=1}^{n_1} x_{1i}^2 - \left(\sum_{i=1}^{n_1} x_{1i}\right)^2 / n_1 = 8087 - \frac{283^2}{10} = 78.10$$
$$S_2 = \sum_{i=1}^{n_2} x_{2i}^2 - \left(\sum_{i=1}^{n_2} x_{2i}\right)^2 / n_2 = 5248 - \frac{216^2}{9} = 64.00$$

よって,検定統計量 F_0 は,以下のようになる.

$$F_0 = \frac{V_1}{V_2} = \frac{S_1/\phi_1}{S_2/\phi_2} = \frac{78.10/9}{64.00/8} = 1.08$$

手順 4:判定と結論
$F_0 = 1.08 < 3.39 = F(9, 8; 0.05)$ より,帰無仮説は棄却されない.したがって,有意水準 5% で新手術法のばらつきは**小さくなったとはいえない**.

(2) 母分散の比の推定
手順 1:点推定

$$\widehat{\frac{\sigma_1^2}{\sigma_2^2}} = \frac{V_1}{V_2} = \frac{S_1/\phi_1}{S_2/\phi_2} = \frac{78.10/9}{64.00/8} = 1.0847\cdots = 1.08$$

手順 2:区間推定(信頼率 95%)

信頼上限:$\dfrac{V_1}{V_2} \times F(\phi_2, \phi_1; 0.025) = 1.085 \times F(8, 9; 0.025) = 1.085 \times 4.10 = 4.45$

信頼下限:$\dfrac{V_1}{V_2} \times \dfrac{1}{F(\phi_1, \phi_2; 0.025)} = 1.085 \times \dfrac{1}{F(9, 8; 0.025)} = \dfrac{1.085}{4.36} = 0.249$

12.2 母平均の違いの分析（等分散の場合）

手順3：結論
したがって，2つの治療法の母分散の比は点推定値で 1.08 であり，信頼率 95% の信頼区間は (0.249, 4.45) である．

> **コラム 12.2　新薬開発の舞台裏（その 2：プラセボ効果とは）**
> 偽薬（プラセボ）という効果が期待できない偽物の薬（うどん粉など）との 2 群比較を行うという考え方がある．例えば，軽度の高血圧の患者は，医者に手を握って貰っただけで安心して血圧が下がり，病院で測定すると「正常値」となる傾向がある．このように，効果がないのに結果としては効果が出ることを，**偽薬効果（プラセボ効果）** という．
> また，医師自身がどちらが新薬であるかを知っていると，結果に影響がある．そこで，臨床試験は必ず**二重盲検**（医師も患者も，どちらの薬かわからない）という状況で実施される．

12.2　母平均の違いの分析（等分散の場合）

この節では，2つの母分散が同じとします．この等分散の場合は，$\sigma_1^2 = \sigma_2^2 = \sigma^2$ とおくことができます．この節の予備知識を，下記にまとめます．

12.2.1　この節で必要な予備知識

[12-4] $X \sim N(\mu_1, \sigma_1^2)$, $Y \sim N(\mu_2, \sigma_2^2)$ で互いに独立とする．このとき，
$$X - Y \sim N(\mu_1 - \mu_2, \sigma_1^2 + \sigma_2^2).$$

[12-5] $X \sim \chi^2(\phi_1)$, $Y \sim \chi^2(\phi_2)$ で互いに独立とする．このとき，
$$X + Y \sim \chi^2(\phi_1 + \phi_2).$$

[12-6] $X \sim N(\mu, \sigma^2)$ を標準化して $U = \dfrac{X - \mu}{\sigma} \sim N(0, 1)$

[12-7] $X \sim N(0, 1)$, $Y \sim \chi^2(\phi)$, $X \perp\!\!\!\perp Y$ のとき，$\dfrac{X}{\sqrt{Y/\phi}} \sim t(\phi)$．

[12-8] t が $t(\phi)$ に従うとき，
$$P\{|t| \geqq t(\phi, 0.025)\} = 0.05, \quad P\{t \geqq t(\phi, 0.05)\} = 0.05.$$

理由：[12-4] は定理 6.8 で，$a = 1, b = -1$ のときの再生性，[12-5] は定理 7.4 よりわかる．[12-6] は定理 4.2，[12-7] は定義 7.2，[12-8] は 7.8 節の分位点の定義からわかる．

補足：なお，$t(\phi, 0.025)$, $t(\phi, 0.05)$ は，付表 3 の t 分布表から求められる．

はじめに定理 7.1 より，各群ごとの標本平均と平方和は互いに独立で，以下の分布に従います．

$$\overline{X}_1 \sim N\left(\mu_1, \sigma^2/n_1\right), \ \overline{X}_2 \sim N\left(\mu_2, \sigma^2/n_2\right) \tag{12.8}$$

$$\frac{S_1}{\sigma^2} \sim \chi^2(\phi_1), \ \phi_1 = n_1 - 1, \ \frac{S_2}{\sigma^2} \sim \chi^2(\phi_2), \ \phi_2 = n_2 - 1 \tag{12.9}$$

これら 4 つの性質に関して，2 つの再生性である予備知識 [12-4], [12-5] を用いて，次の式を導きます．

$$\overline{X}_1 - \overline{X}_2 \sim N\left(\mu_1 - \mu_2, \sigma^2(1/n_1 + 1/n_2)\right) \tag{12.10}$$

$$\frac{S_1 + S_2}{\sigma^2} \sim \chi^2(\phi), \ \phi = \phi_1 + \phi_2 \tag{12.11}$$

この (12.10) 式を予備知識 [12-6] で標準化し，さらに，(12.11) 式と t 分布の定義でもある予備知識 [12-7] より，次の式を得ます．

$$t = \frac{(\overline{X}_1 - \overline{X}_2) - (\mu_1 - \mu_2)}{\sqrt{V(1/n_1 + 1/n_2)}} \sim t(\phi) \tag{12.12}$$

12.2.2 母平均の差の区間推定の構成

予備知識 [12-8] より，

$$P\{-t(\phi, 0.025) \leq t \leq t(\phi, 0.025)\} = 0.95 \tag{12.13}$$

ですので，(12.13) 式の t に，(12.12) 式の t を代入すると，$\phi = \phi_1 + \phi_2 = n_1 + n_2 - 2$ として，

$$P\left\{-t(\phi, 0.025) \leq \frac{(\overline{X}_1 - \overline{X}_2) - (\mu_1 - \mu_2)}{\sqrt{V(1/n_1 + 1/n_2)}} \leq t(\phi, 0.025)\right\} = 0.95$$

となります．この { } 内を μ に関して解くと，

$$\overline{X}_1 - \overline{X}_2 - t(\phi, 0.025)\sqrt{V\left(\frac{1}{n_1} + \frac{1}{n_2}\right)} \leq \mu_1 - \mu_2$$
$$\leq \overline{X}_1 - \overline{X}_2 + t(\phi, 0.025)\sqrt{V\left(\frac{1}{n_1} + \frac{1}{n_2}\right)}$$

という $\mu_1 - \mu_2$ に関する区間ができます．これが**信頼率 95% の信頼区間**です．

12.2.3 母平均の差の検定

この節で用いる**検定統計量**は，次の t_0 です．

$$\text{検定統計量}: t_0 = \frac{\overline{X}_1 - \overline{X}_2}{\sqrt{V(1/n_1 + 1/n_2)}}$$

12.2 母平均の違いの分析（等分散の場合）

この t_0 は (12.12) 式より，帰無仮説 $\mu_1 = \mu_2$ の下で自由度 $\phi = n_1 + n_2 - 2$ の t 分布に従います．このとき，興味の対象と棄却域は，表 12.3 になります．

表 12.3: 興味の対象（対立仮説）による検定方法の違い

検定名称	興味の対象	帰無仮説	対立仮説	棄却域 ($\phi = n_1 + n_2 - 2$)
右片側検定	大きいか	$\mu_1 = \mu_2$	$\mu_1 > \mu_2$	$t_0 \geq t(\phi, 0.05)$
左片側検定	小さいか	$\mu_1 = \mu_2$	$\mu_1 < \mu_2$	$t_0 \leq -t(\phi, 0.05)$
両側検定	異なるか	$\mu_1 = \mu_2$	$\mu_1 \neq \mu_2$	$|t_0| \geq t(\phi, 0.025)$

12.2.4 母平均の差の分析例

例題 12.3 従来法と新手術法の所要時間を測定して前掲の表 12.1 を得た．2 つの手術法の母分散が同じと考えられるとして，従来法より新手術法の所要時間が短いかどうかを，有意水準 5% で検定せよ．また，2 つの手術法による母平均の違いを信頼率 95% で区間推定せよ．

解答：
(1) 新手術法の所要時間が短いかどうかの検定
手順 1：帰無仮説と対立仮説

$$H_0 : \mu_1 = \mu_2$$
$$H_1 : \mu_1 > \mu_2$$

手順 2：有意水準と棄却域（表 12.3 より）

$$\alpha = 0.05, \ \phi = n_1 + n_2 - 2 = 10 + 9 - 2 - 17$$
$$R : t_0 \geq t(\phi, 0.05) = t(17, 0.05) = 1.740$$

手順 3：検定統計量の計算
表 12.1 より，標本平均は以下のように求められる．

$$\text{標本平均}: \overline{X}_1 = \frac{283}{10} = 28.30, \quad \overline{X}_2 = \frac{216}{9} = 24.00$$

また，平方和は例題 12.2 ですでに求めている．

平方和：$S_1 = 78.10$, $S_2 = 64.00$
自由度：$\phi = n_1 + n_2 - 2 = 10 + 9 - 2 = 17$
分散：$V = \dfrac{S_1 + S_2}{\phi} = \dfrac{78.10 + 64.00}{17} = 8.359$
検定統計量：$t_0 = \dfrac{\overline{X}_1 - \overline{X}_2}{\sqrt{V(1/n_1 + 1/n_2)}} = \dfrac{28.30 - 24.00}{\sqrt{8.359(1/10 + 1/9)}}$
$= 3.237$

手順 4：判定と結論

$t_0 = 3.237 \geqq 1.740 = t(17, 0.05)$ より，帰無仮説は棄却される．したがって，有意水準 5% で新手術法の所要時間は**短いといえる**.

(2) 従来法と新手術法の母平均の差の推定

手順 1：点推定

$$\widehat{\mu_1 - \mu_2} = \overline{X}_1 - \overline{X}_2 = 28.30 - 24.00 = 4.30$$

手順 2：区間推定（信頼率 95%）

信頼上限：$\overline{X}_1 - \overline{X}_2 + t(17, 0.025)\sqrt{V(1/n_1 + 1/n_2)}$
$= 4.30 + 2.110\sqrt{8.359(1/10 + 1/9)} = 4.3 + 2.8 = 7.1$

信頼下限：$\overline{X}_1 - \overline{X}_2 - t(17, 0.025)\sqrt{V(1/n_1 + 1/n_2)}$
$= 4.30 - 2.110\sqrt{8.359(1/10 + 1/9)} = 4.3 - 2.8 = 1.5$

手順 3：結論

したがって，2 つの手術法の母平均の差は点推定値で 4.3 であり，信頼率 95% の信頼区間は (1.5, 7.1) である．

12.3 母平均の違いの分析（不等分散の場合）＊

12.3.1 等分散でない場合の母平均の差の分析方法

母平均の差の検定を行うとき，12.2 節の (12.8) 式の段階で，母分散 σ_1^2, σ_2^2 が異なると考えて標準化を行うと，

$$u = \dfrac{(\overline{X}_1 - \overline{X}_2) - (\mu_1 - \mu_2)}{\sqrt{\sigma_1^2/n_1 + \sigma_2^2/n_2}} \sim N(0, 1) \tag{12.14}$$

12.3 母平均の違いの分析（不等分散の場合）

> **コラム 12.3　新薬開発の舞台裏（その 3：インフォームドコンセントの重要性）**
>
> 新薬の開発における臨床試験において，インフォームドコンセント（説明責任）が重要である．なぜ，参加する患者に，その内容や仕組みを説明する必要があるのだろうか．それは，臨床試験では，患者は治療法をランダムに割り付けられるからである．
>
> 新薬には，未知の副作用があるかもしれないし，効果があるかどうかも確実ではない．しかも，統計的に有意差があることで，初めて「新薬」は「認可された薬」となる．この有意性を示すために，ランダムに割り付けることが避けられない．臨床試験には，これらの仕組みを理解している患者のみが参加すべきである．
> （→ **コラム 14.1** に続く）

が得られます．この分母の σ_1^2, σ_2^2 に V_1, V_2 を別々に代入した

$$t = \frac{(\overline{X}_1 - \overline{X}_2) - (\mu_1 - \mu_2)}{\sqrt{V_1/n_1 + V_2/n_2}} \tag{12.15}$$

は，次の自由度 ϕ^* の t 分布で近似できることが知られています．

$$\phi^* = \frac{\left(\frac{V_1}{n_1} + \frac{V_2}{n_2}\right)^2}{\left(\frac{V_1}{n_1}\right)^2/\phi_1 + \left(\frac{V_2}{n_2}\right)^2/\phi_2} \tag{12.16}$$

この自由度は，**等価自由度**と呼ばれます．これは，(12.15) 式の分母の

$$V^* = \frac{V_1}{n_1} + \frac{V_2}{n_2} \tag{12.17}$$

を，「ある自由度 ϕ^* のカイ二乗分布の定数倍」で近似して導きます（章末問題 12 参照）．

12.3.2　母平均の差の区間推定（不等分散の場合）

前節の方法と同様に考えて，以下の**信頼率 95% 信頼限界**が得られます．

$$\text{信頼上限}: \overline{X}_1 - \overline{X}_2 + t(\phi^*, 0.025)\sqrt{\frac{V_1}{n_1} + \frac{V_2}{n_2}}$$

$$\text{信頼下限}: \overline{X}_1 - \overline{X}_2 - t(\phi^*, 0.025)\sqrt{\frac{V_1}{n_1} + \frac{V_2}{n_2}}$$

補足：このとき，$t(\phi^*, 0.025)$ は，**直線補間**という次の方法で求める．

$$t(\phi^*, 0.025) = (m + 1 - \phi^*) \times t(m, 0.025) + (\phi^* - m) \times t(m+1, 0.025)$$

ここで，m は，ϕ^* を超えない最大の整数である．

数値例：表 12.1 のデータについて，(12.16) 式の等価自由度を計算する．$V_1 = 78.1/9 = 8.678$, $V_2 = 64.0/8 = 8.000$, $n_1 = 10$, $n_2 = 9$, $\phi_1 = 9$, $\phi_2 = 8$ より，

$$\phi^* = \frac{\left(\frac{8.678}{10} + \frac{8.000}{9}\right)^2}{\left(\frac{8.678}{10}\right)^2 / 9 + \left(\frac{8.000}{9}\right)^2 / 8} = 16.9$$

となる．これを超えない最大の整数は $m = 16$ ゆえ，t 分布表から $t(16, 0.025) = 2.120$, $t(17, 0.025) = 2.110$ を得て，$t(16.9, 0.025) = (17 - 16.9) \times 2.120 + (16.9 - 16) \times 2.110 = 2.111$ と求める．

12.3.3 母平均の差の検定（不等分散の場合）

この節で用いる**検定統計量**は，次の t_0 です．

$$\text{検定統計量}：t_0 = \frac{\overline{X}_1 - \overline{X}_2}{\sqrt{\dfrac{V_1}{n_1} + \dfrac{V_2}{n_2}}}$$

この t_0 は，帰無仮説 $\mu_1 = \mu_2$ の下では，(12.16) 式の等価自由度 ϕ^* の t 分布に近似的に従います．このとき，興味の対象と棄却域を表 12.4 に示します．

表 12.4: 興味の対象（対立仮説）による検定方法の違い

検定名称	興味の対象	帰無仮説	対立仮説	棄却域
右片側検定	大きいか	$\mu_1 = \mu_2$	$\mu_1 > \mu_2$	$t_0 \geq t(\phi^*, 0.05)$
左片側検定	小さいか	$\mu_1 = \mu_2$	$\mu_1 < \mu_2$	$t_0 \leq -t(\phi^*, 0.05)$
両側検定	異なるか	$\mu_1 = \mu_2$	$\mu_1 \neq \mu_2$	$|t_0| \geq t(\phi^*, 0.025)$

補足：この表中の $t(\phi^*, 0.05)$ も，前項で説明した**直接補間**で求める．なお，t 分布の自由度が 30 より大きい場合の補間は，自由度の逆数で補間する**逆数補間**を行う．t 分布の自由度が，$30, 40, 60, 120, (240)$ のように，逆数が（ほぼ）等間隔になっているのは，このためである．

12.4 母平均の違いの分析（対応がある場合）*

例題 12.4 ある治療法の効果を確かめるために，$n = 9$ 人の，治療前と治療後の指標データを表 12.5 に示す．

12.4 母平均の違いの分析（対応がある場合）*

表 12.5: 指標データ（単位省略）

治療	1	2	3	4	5	6	7	8	9	和	二乗和
治療前 X_{1j}	28	38	49	63	64	58	36	61	53	450	—
治療後 X_{2j}	24	32	47	53	67	58	37	56	41	415	—
差 d_j	4	6	2	10	-3	0	-1	5	12	35	335

12.4.1 対応のある母平均の差の分析方法

例題 12.4 のように，個人差があるデータは，次の構造式をもつと考えられます．

$$X_{1j} = \mu_1 + \gamma_j + \varepsilon_{1j}$$
$$X_{2j} = \mu_2 + \gamma_j + \varepsilon_{2j}, \ j = 1, 2, \cdots, n$$

ここで，μ_1, μ_2 が治療前と治療後の母平均，γ_j は j 番目の人の個人差，ε_{ij} は誤差とし，個人差と誤差は再現性がないため，確率的に変動すると考えます．

仮定：$\gamma_j \sim N(0, \sigma_\gamma^2), \ \varepsilon_{ij} \sim N(0, \sigma^2), \ i = 1, 2; \ j = 1, 2, \cdots, n$

データに対応があるとは，同一人物に対する治療前と治療後の測定値のように，2つの群のデータ間に強い関連があることを意味します．このような場合は，

$$d_j = X_{1j} - X_{2j} \sim N(\mu_d, \sigma_d^2), \ j = 1, 2, \cdots, n$$

と差を計算して，1つの母集団の場合と考えて分析します．ただし，$\mu_d = \mu_1 - \mu_2$, $\sigma_d^2 = 2\sigma^2$ です．

12.4.2 対応がある母平均の差の区間推定

データの差 $d_1, d_2, \cdots, d_n$ についての標本平均 $\bar{d}$ と標本分散 V_d を計算します．これらに 11.2 節の方法を適用すると，以下の**信頼率 95% 信頼限界**が得られます．

$$\text{信頼上限}: \bar{d} + t(\phi, 0.025)\sqrt{V_d/n}$$
$$\text{信頼下限}: \bar{d} - t(\phi, 0.025)\sqrt{V_d/n}, \ \phi = n - 1$$

数値例：表 12.5 のデータについて，$n = 9$ で $\phi = 9 - 1 = 8$ と考える．$\bar{d} = 3.889$，$S_d = 198.9$，$V_d = 24.86$，$t(9 - 1, 0.025) = 2.306$ である．よって，母平均の差の点推定値は 3.9 で，95% 信頼上限は 7.7，信頼下限は 0.1 となる．

12.4.3 対応がある母平均の差の検定

この節で用いる**検定統計量**は，次の t_0 です．

$$\text{検定統計量}: t_0 = \frac{\bar{d}}{\sqrt{V_d/n}}$$

この t_0 は，帰無仮説 $\mu_d = 0$ の下では，自由度 $\phi = n - 1$ の t 分布に従います．このとき，興味の対象と棄却域は，表 12.6 になります．

表 12.6: 興味の対象（対立仮説）による検定方法の違い

検定名称	興味の対象	帰無仮説	対立仮説	棄却域 ($\phi = n - 1$)
右片側検定	大きいか	$\mu_d = 0$	$\mu_d > 0$	$t_0 \geq t(\phi, 0.05)$
左片側検定	小さいか	$\mu_d = 0$	$\mu_d < 0$	$t_0 \leq -t(\phi, 0.05)$
両側検定	異なるか	$\mu_d = 0$	$\mu_d \neq 0$	$|t_0| \geq t(\phi, 0.025)$

数値例：表 12.5 のデータについて，$\bar{d} = 3.889$，$S_d = 198.9$，$V_d = 24.86$，$t_0 = 2.340$ である．$t_0 = 2.340 \geq 1.860 = t(9 - 1, 0.05)$ より，指標データは小さくなったといえる．

12.5 まとめ

治療効果を検証するには，2 群比較が行われるのが標準的です．まずはじめに，ばらつきが同じかどうかを調べ，異なるときには，ばらつきが異なること自身が重要な結論となります．

母平均の違いの分析方法は，母分散が同じか異なるかで，2 つの手法に分かれます．等分散の場合には t 検定，不等分散の場合には Welch 検定が適用できます．このように，母平均の検定の前に行われる母分散の検定は**予備検定**と呼ばれ，有意水準は 5% ではなく，20% 有意かどうかや，F_0 値が 2 以上かどうかで検定することが推奨されています．

また，2 群のデータであっても，同一人物における治療前と治療後のデータのように，対応があるデータの場合は，これらの差を分析することが大切です．

章末問題 12

1*. (12.17) 式の V^* と，自由度 d のカイ二乗分布に従う X の c 倍について，母平均と母分散が一致する場合の自由度として，次の式を導け．

$$d = \frac{\left(\frac{\sigma_1^2}{n_1} + \frac{\sigma_2^2}{n_2}\right)^2}{\left(\frac{\sigma_1^2}{n_1}\right)^2 / \phi_1 + \left(\frac{\sigma_2^2}{n_2}\right)^2 / \phi_2}$$

補足：(12.16) 式は，上の式の σ_i^2 に V_i を代入すれば得られる．

2. 等分散の下で，$A = V(1/n_1 + 1/n_2)$，$B = V_1/n_1 + V_2/n_2$ とおくと，$Var(A) \leqq Var(B)$ を示せ．

第13章　比率データの分析と分割表

―（この章のポイント）――
1) 比率のデータは二項分布を前提とする．
2) 二項分布は，標準化して正規分布で近似する．
3) 分割表や適合度検定では標準化して二乗和をとり，カイ二乗分布で近似する．

――― 理子と数也の会話 ―――
理子：今日は，**比率**の話やね．
数也：サイコロとか，コインとか．
理子：それだけじゃあないよ！　ドラマの視聴率の勝ち負けなんかも．
数也：ドラマは，3つとか4つでも比べられるんかな？
理子：どうやろ？
数也：それはそうと，大きいサイコロは1が出にくいことは，示せるねんて！
理子：そうそう，今回のコラム面白かったよな！
数也：えっ?!　理子が教科書読んでる?!　まさか予習して来たん？
理子：知らんかった？　私，ずっと，コラムは読んでるよ．

　この章では，比率のデータを扱います．比率のデータとは，n 回中 x 回起こるデータのことで，TV の視聴率や，選挙の投票率，得票率など，興味深い対象が多いです．
　13.1 節では，1つの母集団から得られた比率データを，13.2 節では，2つの比率の比較を行います．13.3 節では，3つ以上の比率の比較や，比率だけでなく等級データ（1級，2級，3級など）も扱える「分割表」という手法を紹介します．また，最後の 13.4 節では，分布の適合度を調べる方法にも触れます．

13.1　比率データの分析

　まず，ドラマを見る可能性がある調査の対象から，独立に n 人の調査を実施し，見た人を 1, 見ていない人を 0 とすれば，その結果は**ベルヌーイ試行**（5.2 節）と考えられます．この場合，見ている人の総数 X は**二項分布** $B(n, P)$（5.3 節）に従います．このとき，母比率 P は真の視聴率を意味します．これに対して，標本比率 $p = X/n$ が母比率 P の点推定量であり，一般的に**視聴率**といわれるのはこの値です．

$$\text{点推定量：} \widehat{P} = p = \frac{X}{n}$$

13.1 比率データの分析

データ数 n が比較的小さい場合には,確率は二項分布の確率関数を用いれば直接計算できますが,比較的大きい場合にはこれが難しいため,正規分布で近似します.

13.1.1 正規分布による近似法

二項分布を正規分布で近似できる条件として,以下の条件があります.

$$\text{正規近似条件}: np \geqq 5, \ n(1-p) \geqq 5 \tag{13.1}$$

この条件が成り立つときに,標本比率を正規分布で近似する方法を紹介します.二項分布に従う確率変数 X の母平均と母分散は,第 5 章の (5.5) 式より,

$$E(X) = nP, \quad Var(X) = nP(1-P)$$

です.したがって,標本比率 p の母平均と母分散は,

$$E(p) = P, \quad Var(p) = P(1-P)/n \tag{13.2}$$

とわかります.正規分布で近似するとき,標本比率 p を標準化した値 u が,標準正規分布 $N(0,1)$ に(近似的に)従うことを仮定します.

$$\text{仮定 1}: u = \frac{p-P}{\sqrt{P(1-P)/n}} \sim N(0,1) \tag{13.3}$$

まず,母比率 P の区間推定を行うには,分母の P に p を代入します.

$$\text{仮定 2}: u = \frac{p-P}{\sqrt{p(1-p)/n}} \sim N(0,1) \tag{13.4}$$

この (13.4) 式を,$P(-1.960 \leqq u \leqq 1.960) = 0.95$ に代入すると,

$$P\left(-1.960 \leqq \frac{p-P}{\sqrt{p(1-p)/n}} \leqq 1.960\right) = 0.95$$

となります.この式を分子の P に関して解くことで,次の P の**信頼率 95% の信頼区間**が得られます.

$$P\left(p - 1.960\sqrt{p(1-p)/n} \leqq P \leqq p + 1.960\sqrt{p(1-p)/n}\right) = 0.95 \tag{13.5}$$

次に,母比率 P が従来の比率 P_0 より大きいかどうか調べたいとき,帰無仮説は等号,対立仮説は立証したいことなので,

帰無仮説 $H_0: P = P_0$

対立仮説 $H_1: P > P_0$

の仮説を立てます．このとき，(13.3) 式中の P に P_0 を代入した u_0 を求めます．

$$\text{検定統計量}：u_0 = \frac{p - P_0}{\sqrt{P_0(1 - P_0)/n}} \tag{13.6}$$

この u_0 は，帰無仮説 $P = P_0$ の下では，標準正規分布 $N(0,1)$ に従います．そこで，次の棄却域を設定すると，有意水準は 5% で，検出力が高い手法となります．

$$\text{棄却域 } R：u_0 \geq u(0.05) = 1.645$$

また，立証したいことが，従来 P_0 より母比率 P が小さくなっているかどうかや，異なっているかどうかを調べたいときは，表 13.1 のように行います．

表 13.1: 興味の対象（対立仮説）による検定方法の違い

検定名称	興味の対象	帰無仮説	対立仮説	棄却域
右片側検定	大きいか	$P = P_0$	$P > P_0$	$u_0 \geq u(0.05) = 1.645$
左片側検定	小さいか	$P = P_0$	$P < P_0$	$u_0 \leq -u(0.05) = -1.645$
両側検定	異なるか	$P = P_0$	$P \neq P_0$	$|u_0| \geq u(0.025) = 1.960$

13.1.2　直接計算法による母比率の分析

標本の大きさ n が小さく，$np < 5$ のときは，正規分布への近似条件 (13,1) が成り立ちません．このときは，次の定理より区間推定が行えます（章末問題 13.1, 2 参照）．

定理 13.1　X が二項分布 $B(n, p)$ に従うとき，以下の関係式が成り立つ．

$$P(X \geq x) = \frac{1}{B(x, n - x + 1)} \int_0^p t^{x-1}(1 - t)^{n - x} dt, \ \ x = 1, 2, \cdots, n \tag{13.7}$$

ここで，(n, x) のときの信頼限界 (P_L, P_U) は，$P(X \geq x) = 0.025$ となる p と，$P(X \leq x) = 0.025$ となる p と考えれば，次の**正確な 95% 区間推定**が得られます．

$$\frac{\phi_2}{\phi_1 F(\phi_1, \phi_2; 0.025) + \phi_2} \leq P \leq \frac{\phi_2'}{\phi_1'/F(\phi_2', \phi_1'; 0.025) + \phi_2'} \tag{13.8}$$

ただし，$\phi_1 = 2(n - x + 1)$，$\phi_2 = 2x$，$\phi_1' = 2(n - x)$，$\phi_2' = 2(x + 1)$．

数値例：$n = 5, x = 1$ のとき，$\phi_1 = 10$，$\phi_2 = 2$，$\phi_1' = 8$，$\phi_2' = 4$ より，$F(10, 2, 0.025) = 39.4$，$F(8, 4; 0.975) = 1/F(4, 8; 0.025) = 1/5.05$ を代入して，信頼区間 (P_L, P_U) が得られる．

$$P_L = \frac{\phi_2}{\phi_1 F(\phi_1, \phi_2; 0.025) + \phi_2} = \frac{2}{10 \times 39.4 + 2} = 0.005 (= 0.5\%)$$

$$P_U = \frac{\phi_2'}{\phi_1'/F(\phi_2', \phi_1'; 0.025) + \phi_2'} = \frac{4}{8/5.05 + 4} = 0.716 (= 71.6\%)$$

13.1.3 母比率の分析例

正規分布による近似法と正確法の確率の違いを調べる目的で，以下の例題を見て下さい．

例題 13.1：区間推定 ある TV ドラマの視聴率に興味があるとする．調査人数 n と，ドラマを見ている人の人数 x が，$(n, x) = (25, 5), (200, 40), (600, 120)$ の 3 通りのとき，母視聴率の 95% 信頼区間を，正規近似法と正確法で求めて比較せよ（表 13.2）．

表 13.2: 信頼区間の比較

			正規近似法		正 確 法		両者の違い	
	n	x	P_L	P_U	P_L	P_U	P_L	P_U
a)	25	5	0.043	0.357	0.068	0.407	0.025	0.050
b)	200	40	0.145	0.255	0.147	0.263	0.002	0.008
c)	600	120	0.168	0.232	0.169	0.234	0.001	0.002

この数値例における正規近似法と正確法による 95% 信頼限界の違いは，a) の $np = 5$ のときで最大 5% 程度あり，あまり近似がよいとはいえません．ただし，視聴率調査で採用されている $n = 200, n = 600$ のときには，両者の差は 1% 弱となっています．

一方，正確法での 95% 信頼限界は，$n = 200$ のときで 14.7% 〜 26.3%，$n = 600$ のときでも 16.9% 〜 23.4% と幅があります．したがって，視聴率の推定には数 % 程度の区間幅を付けて解釈するのが適切でしょう．

注：2016 年 4 月現在，ビデオリサーチ社の調査世帯数は地区ごとに 200 〜 600 である．

例題 13.2：検定 ある TV ドラマの視聴率調査において，$n = 600$ 人中 $x = 72$ 人が視聴していた．このとき，真の視聴率 P が 10% を超えているかどうか，有意水準 5% で正規近似法で検定せよ．

解答：母比率における，右片側検定を行う．

$$帰無仮説\ H_0: P = P_0,\ P_0 = 0.1$$
$$対立仮説\ H_1: P > P_0$$
$$棄却域\ R: u_0 = \frac{p - P_0}{\sqrt{P_0(1-P_0)/n}} \geqq 1.645$$

ここで，$n = 600$, $x = 72$ より，標本視聴率は $p = x/n = 72/600 = 12\%$ である．このとき，$u_0 = (p - P_0)/\sqrt{P_0(1-P_0)/n} = (0.12 - 0.1)/\sqrt{0.1 \times (1 - 0.1)/600} = 1.630$ ゆえ，棄却域に入らない．したがって，帰無仮説は棄却されず，真の視聴率は 10% を超えているとはいえない．

補足：(13.8) 式より視聴率 P の正確な 95% 信頼区間は，$(0.095, 0.148)$ である．

13.2　2群の比率の違いの分析

2つの母集団における母比率 P_A, P_B に関して，次の例題を見て下さい．

例題 13.3　2002 年 1 月時点，インフルエンザ脳炎・脳症と，その治療に使われた解熱剤の関係について，非ステロイド系消炎剤による症状の悪化が問題となっている．以下の表 13.3 は，2001 年の 1 月から 3 月の患者 91 人について，2 つの解熱剤 A, B の投与者 48 人における生存数と死亡数である．

13.2.1　2群の標本比率の差の分布

母集団 A では m 人のうち X 人，母集団 B では n 人のうち Y 人である場合，各々の母集団ごとに，標本比率に関して母平均と母分散を求めて，以下のように近似できます．

表 13.3: 2 つの解熱剤の死亡率データ

解熱剤	生存数	死亡数	計
解熱剤 A （アセトアミノフェン）	32	4	36
解熱剤 B （ジクロフェナクナトリウム） （非ステロイド系）	5	7	12
計	37	11	48

13.2　2群の比率の違いの分析

$$p_A = \frac{X}{m} \sim N\left(P_A, \frac{P_A(1-P_A)}{m}\right), \ p_B = \frac{Y}{n} \sim N\left(P_B, \frac{P_B(1-P_B)}{n}\right)$$

これらの差を考えると，12.2 節と同様に，以下の式が得られます．

$$p_A - p_B \sim N\left(P_A - P_B, \frac{P_A(1-P_A)}{m} + \frac{P_B(1-P_B)}{n}\right) \tag{13.9}$$

これを標準化すると，次の式が導かれます．

$$\text{仮定 1}: u = \frac{(p_A - p_B) - (P_A - P_B)}{\sqrt{\frac{P_A(1-P_A)}{m} + \frac{P_B(1-P_B)}{n}}} \sim N(0, 1) \tag{13.10}$$

この性質を用いて，比率の差に関する，検定や区間推定が行われます．

13.2.2　2群の比率の差の推定

推定の際には，上記の (13.10) 式の分母の P_A, P_B を p_A, p_B で置き換えます．

$$\text{仮定 2}: u = \frac{(p_A - p_B) - (P_A - P_B)}{\sqrt{p_A(1-p_A)/m + p_B(1-p_B)/n}} \sim N(0, 1) \tag{13.11}$$

このとき，母比率 $P_A - P_B$ の区間推定は，以下のように導きます．まず，

$$P(-1.960 \leqq u \leqq 1.960) = 0.95$$

の式の u に (13.11) 式を代入して，次の式を導きます．

$$P\left(-1.960 \leqq \frac{(p_A - p_B) - (P_A - P_B)}{\sqrt{p_A(1-p_A)/m + p_B(1-p_B)/n}} \leqq 1.960\right) = 0.95$$

この (　) 内を $P_A - P_B$ に関して解き直すことで，以下の信頼限界を得ます．

$$\text{信頼上限}: p_A - p_B + 1.960\sqrt{\frac{p_A(1-p_A)}{m} + \frac{p_B(1-p_B)}{n}}$$

$$\text{信頼下限}: p_A - p_B - 1.960\sqrt{\frac{p_A(1-p_A)}{m} + \frac{p_B(1-p_B)}{n}}$$

例題 13.4　例題 13.3 のデータに対して，解熱剤 A と解熱剤 B の死亡率の差の点推定値，信頼率 95% の信頼限界を求めよ．

解答：$m = 36$, $x = 4$, $n = 12$, $y = 7$ より各解熱剤の標本比率を求める．

$$p_A = \frac{x}{m} = \frac{4}{36} = 0.1111, \ \ p_B = \frac{y}{n} = \frac{7}{12} = 0.5833$$

母比率の差の点推定値と信頼率 95% の信頼限界は，以下のように求められる．

$$\text{点推定値}: \widehat{P_A - P_B} = p_A - p_B = 0.1111 - 0.5833 = -0.472$$

$$\text{信頼限界}: p_A - p_B \pm 1.960 \sqrt{\frac{p_A(1-p_A)}{m} + \frac{p_B(1-p_B)}{n}}$$

$$= 0.1111 - 0.5833 \pm 1.960 \sqrt{\frac{0.1111(1-0.1111)}{36} + \frac{0.5833(1-0.5833)}{12}}$$

$$= -0.472 \pm 0.297 = -0.769,\ -0.175$$

したがって，解熱剤 B による死亡率は，解熱剤 A の死亡率よりも点推定値で 47.2% 高く，95% 信頼区間として 17.5% から 76.9% まで高いといえる．

13.2.3　2 群の比率の差の検定

例題 13.3 の状況では，解熱剤 A における死亡率が P_A，解熱剤 B における死亡率が P_B です．P_A より P_B が大きいかどうかを調べるので，以下の仮説となります．

$$\text{帰無仮説 } H_0: P_A = P_B$$
$$\text{対立仮説 } H_1: P_A < P_B$$

検定に用いる統計量（検定統計量）は，帰無仮説 $P_A = P_B$ の場合を考えます．そこで，(13.10) 式の P_A, P_B に共通の $\bar{p}$ を代入すると，以下の式となります．

$$\text{検定統計量}: u_0 = \frac{p_A - p_B}{\sqrt{\left(\frac{1}{m} + \frac{1}{n}\right)\bar{p}(1-\bar{p})}} \tag{13.12}$$

ただし，$\bar{p}$ とは，次の式で計算される併合比率です．

$$\text{併合比率}: \bar{p} = \frac{x+y}{m+n}$$

対立仮説 $H_1: P_A < P_B$ のとき，棄却域は以下のようにするのがベストです．

$$\text{棄却域 } R: u_0 \leq -1.645$$

また，立証したいことが，$P_A > P_B$ や $P_A \neq P_B$ かどうかのときは，次の表 13.4 のように行います．

例題 13.5　例題 13.3 のデータで，解熱剤 A より解熱剤 B の死亡率が高いかどうかを有意水準 5% で検定せよ．

解答：$m = 36$, $x = 4$, $n = 12$, $y = 7$ より，

13.2 2群の比率の違いの分析

表 13.4: 興味の対象（対立仮説）による検定方法の違い

検定名称	興味の対象	帰無仮説	対立仮説	棄却域
両側検定	異なるか	$P_A = P_B$	$P_A \neq P_B$	$|u_0| \geq u(0.025) = 1.960$
右片側検定	大きいか	$P_A = P_B$	$P_A > P_B$	$u_0 \geq u(0.05) = 1.645$
左片側検定	小さいか	$P_A = P_B$	$P_A < P_B$	$u_0 \leq -u(0.05) = -1.645$

$$\bar{p} = \frac{x+y}{m+n} = \frac{4+7}{36+12} = 0.2292$$

$$u_0 = \frac{p_A - p_B}{\sqrt{\left(\frac{1}{m} + \frac{1}{n}\right)\bar{p}(1-\bar{p})}}$$

$$= \frac{0.1111 - 0.5833}{\sqrt{\left(\frac{1}{36} + \frac{1}{12}\right) \times 0.2292(1-0.2292)}} = -3.371$$

検定統計量 $u_0 = -3.371 < -1.645$ ゆえ，有意水準 5 ％ で帰無仮説は棄却され，解熱剤 B による死亡率は，解熱剤 A の死亡率よりも高いといえる．

コラム 13.1　比率のデータの分析はロジット変換 $L(P)$ が行われる

ロジット変換：$L(P) = \ln \dfrac{P}{1-P}$

ロジット変換とは，P が $[0,1]$ の範囲を動くとき，$(-\infty, \infty)$ に変換することで，比率データの分散分析（第 14 章）や回帰分析（第 15 章）が可能となる．

実際，例題 13.2 のデータは実データであり，厚生労働省のホームページによると，解熱剤 B は比較的重症な患者に限定して投与される状況であった．また，性別や，年齢などの複数の要因を考慮した，次の構造式（**ロジット分散分析**）での分析が行われた．

$$\ln \frac{P}{1-P} = \mu + a + b + c + e$$

その結果，種々の要因を分離して分析した結果，10 歳以下への解熱剤 B の投与中止が決定された．

13.3 分割表

次の例題のデータが得られているとき,機械と品質の関係を調べたいとします.

例題 13.6 4台の機械で作った製品の品質を3つの級に分類した部品数データを,表 13.5 の形式で集計した.有意水準 5% で品質に差があるかどうかを検定せよ.

表 13.5: 機械ごとの部品数

	1 級品	2 級品	3 級品	計
A_1	13	31	6	50
A_2	27	15	8	50
A_3	29	16	5	50
A_4	20	19	11	50
計	89	81	30	200

表 13.6: $a \times b$ 分割表

	B_1	B_2	$\cdots$	B_b	$T_{i\bullet}$
A_1	x_{11}	x_{12}	$\cdots$	x_{1b}	$T_{1\bullet}$
A_2	x_{21}	x_{22}	$\cdots$	x_{2b}	$T_{2\bullet}$
$\vdots$	$\vdots$	$\vdots$		$\vdots$	$\vdots$
A_a	x_{a1}	x_{a2}	$\cdots$	x_{ab}	$T_{a\bullet}$
$T_{\bullet j}$	$T_{\bullet 1}$	$T_{\bullet 2}$	$\cdots$	$T_{\bullet b}$	T

13.3.1 分割表におけるデータ

一般的に,2つの分類項目 A, B で A は $A_1 \sim A_a$ の a 種類,B は $B_1 \sim B_b$ の b 種類に分類して,その度数を x_{ij} とおくとき,上記の表 13.6 の形式のデータが得られます.これを**分割表データ**といい,x_{ij} は**観測度数**と呼ばれます.また,$A_i B_j$ のことを**セル**といいます.

13.3.2 分割表における仮説検定

1) 帰無仮説と対立仮説

  帰無仮説 H_0:A と B に関係はない(すべての i, j で,$p_{ij} = p_{i\bullet} p_{\bullet j}$)
  対立仮説 H_1:A と B に関係がある(ある i, j で,$p_{ij} \neq p_{i\bullet} p_{\bullet j}$)

ここで,$p_{ij} = P(A_i B_j)$,$p_{i\bullet} = P(A_i)$,$p_{\bullet j} = P(B_j)$ とします.

2) 期待度数

A_i の確率 $p_{i\bullet}$,B_j の確率 $p_{\bullet j}$ は,次の式で推定します.

$$\text{個々の推定量}:\widehat{p}_{i\bullet} = \frac{T_{i\bullet}}{T}, \quad \widehat{p}_{\bullet j} = \frac{T_{\bullet j}}{T}$$

帰無仮説の下では $\widehat{p}_{ij} = \widehat{p}_{i\bullet}\widehat{p}_{\bullet j}$ と考えると，起こると期待される度数（**期待度数**）が計算できます．

$$期待度数：t_{ij} = T\widehat{p}_{ij} = \frac{T_{i\bullet} \times T_{\bullet j}}{T}$$

3）検定統計量と棄却域

この観測度数と期待度数の違いを，次の (13.13) 式で評価すると，帰無仮説の下で，自由度 $\phi = (a-1)(b-1)$ に近似的に従うことがわかっています（章末問題 13.4 参照）．

$$検定統計量：\chi_0^2 = \sum_{i=1}^{a}\sum_{j=1}^{b}\frac{(x_{ij} - t_{ij})^2}{t_{ij}} \tag{13.13}$$

そこで，次の棄却域を設定します．

$$棄却域 R：\chi_0^2 \geqq \chi^2(\phi, \alpha), \quad \phi = (a-1)(b-1)$$

この棄却域に入る場合に，帰無仮説を棄却し，有意水準 5% で A と B に関係があると判定します．入らない場合は，A と B には関係があるとはいえません．

13.3.3 数値例

例題 13.7 例題 13.6 の数値に関して，分割表の分析を行う．$a = 4, b = 3$ である．期待度数 t_{ij} と基準化残差 e'_{ij}（コラム 13.2 参照）を計算する．

表 13.7: 期待度数 t_{ij} 表

	1 級品	2 級品	3 級品	計
A_1	22.25	20.25	7.50	50.00
A_2	22.25	20.25	7.50	50.00
A_3	22.25	20.25	7.50	50.00
A_4	22.25	20.25	7.50	50.00
計	89.00	81.00	30.00	200.00

表 13.8: 基準化残差 e'_{ij} 表

	1 級品	2 級品	3 級品
A_1	-1.961	2.389	-0.548
A_2	1.007	-1.167	0.183
A_3	1.431	-0.944	-0.913
A_4	-0.477	-0.278	1.278

$$検定統計量：\chi_0^2 = \sum_{i=1}^{a}\sum_{j=1}^{b}\frac{(x_{ij} - t_{ij})^2}{t_{ij}} = \sum_{i=1}^{a}\sum_{j=1}^{b}(e'_{ij})^2 = 17.97$$

よって，$\chi_0^2 = 17.97 \geqq 12.59 = \chi^2(6, 0.05)$ となり，棄却域に入る．したがって，有意水準 5% で，機械ごとに製品の品質が異なるといえる．また，基準化残差の検討から，機械 A_1 において，2 級品の出方が多く 1 級品の出方が少ない可能性がある．

> **コラム 13.2 残差と基準化残差（モデルの適合性）**
> 　一般的に，観測値から予測値を引いた値が **残差**，さらにばらつきを考慮した値が，**基準化残差** といわれ，次の式で求められる．
>
> $$残差 : e_{ij} = x_{ij} - t_{ij}$$
> $$基準化残差 : e'_{ij} = \frac{x_{ij} - t_{ij}}{\sqrt{t_{ij}}}$$
>
> 　もし，各セルの度数 X がポアソン分布 $Po(\lambda)$ に従うとき，$E(X) = Var(X) = \lambda$ で標準化し，次の式が近似的に成り立つと考える．
>
> $$u = \frac{X - \lambda}{\sqrt{\lambda}} \sim N(0, 1)$$
>
> 　この λ を期待度数で置き換えた値が基準化残差であり，モデルとの適合性が見られる．例えば，この絶対値が 1.960 や 2.5 を超えると，そのセルでの度数が，期待度数より（統計的に有意に）異なることを意味する．

　例えば，3 つのドラマの視聴率が同じかどうか，ということを分析したいときも，A をドラマ名，B を見ているか見ていないか，と考えれば 3×2 分割表として分析できます．実際の視聴率で違いがある場合とは，大きな差がある場合に限られます（章末問題 13.5 参照）．

> **コラム 13.3 検定の多重性について**
> 　検定は何度も繰り返すと，そのうちの 1 つ以上が間違う確率が大きくなる（この確率を **Type I FWE**（Family Wize Error）という）．これをコントロールする手法を **多重比較法** という．コラム 13.2 で 1.960 を基準に判断しないのは，このためである．
> 　例えば，健康診断で多数の項目を検査するとき，1 つひとつの項目で 5% の有意水準で判定すると，そこそこ高い確率でどれか 1 つで異常と判定され，精密検査になる．そこで，実際の判定では，個々の検出力を犠牲にしても，全体として精密検査になる人の割合を 10% 程度に抑えている．つまり，不要な項目を検査することは，検査全体にとってマイナスになる．

13.4　適合度検定

例題 13.8　サイコロの目の出方
　あるサイコロを 6000 回，転がして出た目の回数を表 13.9 にまとめた．

13.4 適合度検定

表 13.9: サイコロのデータ

出た目	1	2	3	4	5	6	計
回数	1097	982	1031	961	982	947	6000

適合度検定では，次の検定統計量を用います．

$$\text{検定統計量}: \chi_0^2 = \sum_{i=1}^k \frac{(x_i - t_i)^2}{t_i}$$

また，棄却域は次のように設定します．

$$\text{棄却域 } R: \chi_0^2 \geqq \chi^2(\phi, \alpha), \quad \phi = k - t - 1$$

ここで，個々のセルにおける期待度数を求めるために，構造を考えて母数を推定することがあります．その個数を t とします．例題 13.8 のサイコロの場合は，$t = 0$ です．

例題 13.9 例題 13.8 のデータに関して，1 から 6 の目が同じ比率で出るかどうか，有意水準 5% で検定せよ．

解答例：帰無仮説は，$P_1 = P_2 = \cdots = P_6 = 1/6$ である．期待度数は $t_i = 6000 \times P_i = 6000/6 = 1000$ となる．

$$\chi_0^2 = \frac{(1097 - 1000)^2 + (982 - 1000)^2 + \cdots + (947 - 1000)^2}{1000} = 14.35$$

よって，$\chi_0^2 = 14.35 \geqq 11.07 = \chi^2(6 - 0 - 1, 0.05)$ より，帰無仮説は棄却される．したがって，有意水準 5% で，このサイコロの目の出方には違いがあるといえる．

コラム 13.4 大きなサイコロは，1 の目が出やすい？

ある学生サンが，自由研究で 4 つの異なるサイコロを，各 6,000 回ずつ，計 24,000 回振って，その出た目の回数を数えた．3 つのサイコロには，特に異常はなかったが，大き目のサイコロには適合度検定で有意差があった．特に，1 の目の出方が少なかったため，大きなサイコロは 1 の目が大きく削られており軽いので出やすかったのではないかと考えている．24,000 回の実験を行った学生サンに敬意を表する．

13.5 まとめ

この章では，計数値のデータについて，分析方法を紹介しました．最初に比率の分析方法について，正確法と正規近似のズレ具合を調べたところ，$np = 5$ 程度では数％程度のズレがあり，正規分布への近似条件として $np \geqq 5$ は，最低限の基準であることがわかります．また，区間推定の区間幅からは，視聴率のデータには数％の誤差があると解釈するべきであることもわかります．

2つの比率の差に関しては，残念ながら近似的な手法しかありません．正規分布に近似するためにも，$np \geqq 5$ の近似条件が必須となります．具体的には，5回程度以上，起こる現象を分析の対象とすることが求められています．

このことは，一般的な分割表でも同じです．各セルの期待度数が5以上であることが近似条件として求められます．もし，期待度数が，著しく5を下回っている場合には，(合理的な範囲で) セルの合併が行われます．ここでいう合理的な範囲とは，隣接するセル同士をできるだけ自然なルールで合併することです．

章末問題 13

1*. X が二項分布 $B(n, p)$ に従うとき，以下の関係式が成り立つことを示せ．

$$P(X \geqq x) = \frac{1}{B(x, n-x+1)} \int_0^p t^{x-1}(1-t)^{n-x} dt, \quad x = 1, 2, \cdots, n$$

2*. 比率 P の正確な 95% 区間推定の理由を示せ．

3*. 次の定理を示せ．

定理 13.2 X がポアソン分布 $Po(\lambda)$ に従うとき，以下の関係式が成り立つ．

$$P(X \geqq k) = \frac{1}{\Gamma(k)} \int_0^\lambda x^{k-1} e^{-x} dx, \quad k = 1, 2, \cdots$$

4. $P_A = P_B(= P)$ のとき，$Var(\overline{p}) \leqq Var\{tp_A + (1-t)p_B\}$ を示せ．

5. 2×2 分割表の統計量 χ_0^2 は，母比率の差の統計量 u_0 の 2 乗であることを示せ．($u_0 \sim N(0, 1)$ で近似できることから，$\chi_0^2 = u_0^2 \sim \chi^2(1)$ で近似できる．)

6. 表 13.10 の 3 つのドラマ (第 1 話) の視聴率に違いがあるかどうか，有意水準 5% で検定せよ．

表 13.10: 3 つのドラマの視聴率

ドラマ名	見た	見てない	計	視聴率
99.9%	93	508	600	15.5%
せかむず	77	523	600	12.8%
できしな	62	538	600	10.3%

第14章 一元配置分散分析

――（この章のポイント）――
1) 3つ以上の群のデータについての違いは，平方和で分析できる．
2) 平方和の比で分析するので，F分布で検定する．
3) 最適水準における母平均の区間推定はt分布が利用できる．

――― 理子と数也の会話 ―――
理子：いよいよ，**3つ以上の平均の違いを調べる方法**の話やね．
数也：なんか理子，すごいな！ なんでそんなにスルドイん?!
理子：私，たくさんのものを比べるの，好きやからさ．
数也：そうなん！ じゃあ，どうするのかも知ってるん？
理子：そんなん知らん．やけど，平方和だけで何とかなるって．
数也：ホンマに，コラム読んでるだけで，そんなん，わかるん？ 信じられんわ．
理子：あっ，ゴメン．コラムだけじゃなくて，まとめもチラ見してる．
数也：（えっ？）

14.1　3つ以上の群のデータ

コラム14.1　新薬開発の舞台裏（その4：臨床試験とは）
　新しい薬が厚生労働省で認可されて世に出るには，治験（臨床試験）でよい成績を収めることが必要である．この臨床試験は，第1相試験（安全性の確認：健康な男子が対象），第2相試験（効果の示唆と安全性の確保：小規模な患者群が対象），第3相試験（用量設定：大規模の患者群が対象）の3段階に分けて行われる．このうち，特に第3相試験において，新薬（認可前の段階の薬を便宜的にこう呼ぶ）と標準薬（最も効果があるとされている薬）との2群比較や，低用量，中用量，高用量のような3群以上の比較（多群比較）が行われる．

　第11章で1群，第12章では2群のデータの比較の方法について紹介しました．しかし，コラム14.1でも紹介したように，臨床試験では実際の投薬用量を決めるためにも，3つ以上の用量での実験が行われてます．以下の例題を見てみましょう．

例題 14.1 臨床試験で，対照群，低用量群，高用量群の 3 群比較を行う．各群 $n = 5$ 人についての測定データを，表 14.1 に示す．

表 14.1: 3 群のデータ

群	データ x_{ij}					和 T_i	データ数 n_i	平均 $\bar{x}_i$	二乗和	平方和 S_i
対照群 A_1	20	25	17	18	15	95	5	19	1863	58
低用量群 A_2	18	17	12	14	19	80	5	16	1314	34
高用量群 A_3	23	26	21	19	21	110	5	22	2448	28
計	−	−	−	−	−	285	15	−−	5625	120

a 個の群から，各々 n_i 個のデータを取り，下記の仮定を設定します．

仮定：$x_{ij} \sim N(\mu_i, \sigma^2)$, $i = 1, \cdots, a$; $j = 1, \cdots, n_i$

ここで，各群のデータの母分散が同じ（等分散）であるとの仮定をおいています．
注：3 つ以上の母分散が異なるかどうかの検定を行う手法もあります（コラム 14.2）．

コラム 14.2 バートレット検定（等分散性の検定）

3 群以上の母分散が均一かどうかは，各群のデータから求める標本分散 V_i で調べられる．各群の自由度 $\phi_i = n_i - 1$ と総自由度 $\phi = \sum \phi_i$ を用いて，等分散の帰無仮説の下での σ^2 の推定量 $V = \sum \phi_i V_i / \phi$ を求める．この V と V_i の違いを次の式 b で測る．

$$b = \frac{1}{c}\left(\phi \ln V - \sum_{i=1}^{a} \phi_i \ln V_i\right), \quad \text{ただし，} \quad c = 1 + \frac{1}{3(a-1)}\left(\sum_{i=1}^{a} \frac{1}{\phi_i} - \frac{1}{\phi}\right).$$

等分散の下では，b が自由度 $a - 1$ のカイ二乗分布に従うことを利用して，

$$\text{棄却域 } R : b \geq \chi^2(a-1, 0.05)$$

に入るときに「等分散でない」と判定する検定ができる．

14.2 平方和の分解

各群のデータ数 $n_i \equiv n$ は一定とします．各群での母平均 μ_i について，これらが等

14.2 平方和の分解

しいかどうかを調べます.

帰無仮説：$\mu_1 = \mu_2 = \cdots = \mu_a$
対立仮説：その他

まずデータのばらつきを，各群での標本平均 $\overline{x}_i$ を介して，2つの変動に分解します．

データの分解：$x_{ij} - \overline{\overline{x}} = (x_{ij} - \overline{x}_i) + (\overline{x}_i - \overline{\overline{x}})$ (14.1)

1つ目は，母平均の違いを，各群での標本平均の変動 $\overline{x}_i - \overline{\overline{x}}$ で捉えます．これは**群間変動**です．2つ目は，群の中での変動 $x_{ij} - \overline{x}_i$ で，誤差的なばらつきを意味します．これは**群内変動**です．これらの二乗和を，それぞれ，**要因平方和（群間平方和）**S_A, **誤差平方和（群内平方和）**S_E といいます．

要因平方和：$S_A = n \sum_{i=1}^{a} (\overline{x}_i - \overline{\overline{x}})^2$ (14.2)

誤差平方和：$S_E = \sum_{i=1}^{a} \sum_{j=1}^{n} (x_{ij} - \overline{x}_i)^2$ (14.3)

このことを，表 14.1 の 15 個のデータで表現すると，表 14.2 のようになります．

表 14.2: データの分解

(a) データ：x_{ij}

A_1	20	25	17	18	15
A_2	18	17	12	14	19
A_3	23	26	21	19	21

$-$

(b) 総平均：$\overline{\overline{x}}$

A_1	19	19	19	19	19
A_2	19	19	19	19	19
A_3	19	19	19	19	19

$=$

(c) 群間変動：$\overline{x}_i - \overline{\overline{x}}$

A_1	0	0	0	0	0
A_2	−3	−3	−3	−3	−3
A_3	3	3	3	3	3

$+$

(d) 群内変動：$x_{ij} - \overline{x}_i$

A_1	1	6	−2	−1	−4
A_2	2	1	−4	−2	3
A_3	1	4	−1	−3	−1

(c) より，$S_A = n \sum_{i=1}^{a} (\overline{x}_i - \overline{\overline{x}})^2 = 5\{0^2 + (-3)^2 + 3^2\} = 90$

(d) より，$S_E = \sum_{i=1}^{a} \sum_{j=1}^{n} (x_{ij} - \overline{x}_i)^2 = 1^2 + 6^2 + \cdots + (-1)^2 = 120$

がわかります．一般的に，データの総平方和 S_T を，

$$総平方和：S_T = \sum_{i=1}^{a}\sum_{j=1}^{n}(x_{ij} - \overline{\overline{x}})^2 \tag{14.4}$$

とおくと，これら3つの平方和には，

$$S_T = S_A + S_E \tag{14.5}$$

の関係が成り立ちます．これを**平方和の分解**といいます．

これが成り立つ理由は，

$$\sum_{i=1}^{a}\sum_{j=1}^{n}(\overline{x}_i - \overline{\overline{x}})(x_{ij} - \overline{x}_i) = \sum_{i=1}^{a}(\overline{x}_i - \overline{\overline{x}})\left\{\sum_{j=1}^{n}(x_{ij} - \overline{x}_i)\right\} = 0 \tag{14.6}$$

の { } 内が 0, つまり「**群内の偏差の和がゼロ**」であることから導かれます．なお，表 14.2 の (d) で，各群内の 5 つずつの和がゼロであることより確かめられます．

14.3　分散分析表による検定

群による母平均の違いについては，自由度を考慮して，F 検定を行います．各要因の自由度は，**総自由度** $\phi_T = an - 1$, **要因自由度** $\phi_A = a - 1$, **誤差自由度** $\phi_E = a(n-1)$ です．各要因ごとに，自由度 1 当たりの平方和（平均平方）V を求めて，最終的に，**検定統計量**は $F_0 = V_A/V_E$ で求めます．

なお，棄却域は，

$$棄却域\ R：F_0 \geq F(\phi_A, \phi_E; 0.05)$$

のように，必ず右片側検定となります．これは，対立仮説の下では，F_0 が大きくなる傾向があるからです．ここまでの計算結果を，表 14.3 にまとめます．

表 14.3: 分散分析表

要因	平方和	自由度	平均平方	F_0 値	限界値
因子 A	S_A	$\phi_A = a - 1$	$V_A = S_A/\phi_A$	$F_0 = V_A/V_E$	$F(0.05)$
誤差 E	S_E	$\phi_E = a(n-1)$	$V_E = S_E/\phi_E$	--	--
計 T	S_T	$\phi_T = an - 1$	--	--	--

帰無仮説の下で，この検定統計量 F_0 が $F(\phi_A, \phi_E)$ 分布に従う理由は，章末問題 14.1 を参照して下さい．

表 14.4: 分散分析表

要因	平方和	自由度	平均平方	F_0 値	限界値
因子 A	90	2	45.0	4.50*	3.89
誤差 E	120	12	10.0	--	--
計 T	210	14	--	--	--

例題 14.2 表 14.1 のデータについて，一元配置分散分析を行え．
結論：表 14.4 より，$F_0 = 4.50 \geq 3.89 = F(2, 12; 0.05)$ より，有意水準 5% で，要因 A によって母平均には違いがあるといえる．
補足：検定統計量 $F_0 = 4.50$ が 5% 有意のとき，右肩に * をつける．

14.4 投与群での母平均の推定

母平均 μ_i の**点推定値**は $\bar{x}_i$ です．この点推定量の分布は，n 個の平均ですから，

$$\bar{x}_i \sim N\left(\mu_i, \sigma^2/n\right) \tag{14.7}$$

となります．ここで，$S_E/\sigma^2 \sim \chi^2(\phi_E)$（章末問題 14 参照）であることを利用すると，(14.7) 式を標準化して，分母の σ^2 に V_E を代入することで，自由度が ϕ_E の t 分布が導かれます．そこで，μ_i の 95% 信頼限界は，次のようになります．

信頼上限：$\bar{x}_i + t(\phi_E, 0.025)\sqrt{V_E/n}$

信頼下限：$\bar{x}_i - t(\phi_E, 0.025)\sqrt{V_E/n}$

例題 14.3 表 14.1 のデータについて，高用量群の母平均の推定を行え．
解答：点推定値は，$\hat{\mu}_3 = \bar{x}_3 = 22.0$，95% 信頼限界は，$\bar{x}_3 \pm t(12, 0.025)\sqrt{10.0/5} = 22.0 \pm 2.179\sqrt{2} = 22.0 \pm 3.1 = 18.9, 25.1$ となる．

また，実験を始めても，途中でデータが脱落することがあります．例えば病院の患者であれば，より重症の疾患が見つかり，そちらの治療を優先して病院に来なくなることがあり得ます．そのような場合，各群のデータ数が異なることになります．データ数が揃っている場合を**バランスケース**，揃っていない場合を**アンバランスケース**といいます．アンバランスケースは，次節で議論します．

14.5 サンプルサイズが異なる場合の分析 *

各群での平均と，総平均は，次の式で推定します．

$$\overline{x}_i = \sum_{j=1}^{n_i} x_{ij}/n_i, \quad \overline{\overline{x}} = \sum_{i=1}^{a}\sum_{j=1}^{n_i} x_{ij}/N, \quad \left(\text{ただし，} N = \sum_{i=1}^{a} n_i\right)$$

アンバランスケースを扱う場合，これらを用いて，平方和の分解を修正します．

14.5.1 アンバランスケースの平方和の分解

要因（群間）平方和と誤差（群内）平方和は，次の式に修正します．

$$\text{要因平方和：} S_A = \sum_{i=1}^{a} n_i(\overline{x}_i - \overline{\overline{x}})^2 \tag{14.8}$$

$$\text{誤差平方和：} S_E = \sum_{i=1}^{a}\sum_{j=1}^{n_i}(x_{ij} - \overline{x}_i)^2 \tag{14.9}$$

例題 14.4 臨床試験で，対照群，低用量群，中用量群，高用量群の3群比較を行う．$n_1 = 4, n_2 = 5, n_3 = 3, n_4 = 4$ で，総人数 $N = 16$ 人についての測定データを表14.5に，また，データの分解を表14.6に示す．

表 14.5: 4群のデータ

群	データ x_{ij}					和 T_i	データ数 n_i	平均 $\overline{x}_i$	二乗和	平方和 S_i
対照群 A_1	18	23	18	17		76	4	19	1466	22
低用量群 A_2	16	19	20	12	13	80	5	16	1330	50
中用量群 A_3	19	18	23			60	3	20	1214	14
高用量群 A_4	24	23	20	21		88	4	22	1946	10
計	-	-	-	-	-	304	16	--	5956	96

14.5 サンプルサイズが異なる場合の分析 *

表 14.6: データの分解

(a) データ：x_{ij}

A_1	18	23	18	17	
A_2	16	19	20	12	13
A_3	19	18	23		
A_4	24	23	20	21	

−

(b) 総平均：$\overline{\overline{x}}$

A_1	19	19	19	19	
A_2	19	19	19	19	19
A_3	19	19	19		
A_4	19	19	19	19	

=

(c) 群間変動：$\overline{x}_i - \overline{\overline{x}}$

A_1	0	0	0	0	
A_2	−3	−3	−3	−3	−3
A_3	1	1	1		
A_4	3	3	3	3	

+

(d) 群内変動：$x_{ij} - \overline{x}_i$

A_1	−1	4	−1	−2	
A_2	0	3	4	−4	−3
A_3	−1	−2	3		
A_4	2	1	−2	−1	

(c) より，$S_A = \sum_{i=1}^{a} n_i (\overline{x}_i - \overline{\overline{x}})^2 = 4 \times 0^2 + 5(-3)^2 + 3 \times 1^2 + 4 \times 3^2 = 84$

(d) より，$S_E = \sum_{i=1}^{a}\sum_{j=1}^{n_i} (x_{ij} - \overline{x}_i)^2 = (-1)^2 + 4^2 + \cdots + (-1)^2 = 96$

ここで，総平方和を次の式に変更すると，平方和の分解 $S_T = S_A + S_E$ が成り立ちます．

$$\text{総平方和}: S_T = \sum_{i=1}^{a}\sum_{j=1}^{n_i}(x_{ij} - \overline{\overline{x}})^2 \tag{14.10}$$

14.5.2 アンバランスケースでの検定

自由度は，$\phi_A = a - 1$，$\phi_E = \sum_{i=1}^{a}(n_i - 1) = N - a$ となります．以下，平均平方や F_0 値，棄却限界値を求めて，要因に意味があるかどうかの検定ができます．これらを分散分析表にまとめます．

例題 14.5 表 14.5 のデータについて，一元配置分散分析を行え．
結論：$F_0 = 3.50 \geqq 3.49 = F(3, 12; 0.05)$ より，有意水準 5% で，要因 A によって母平均には違いがあるといえる．

表 14.7: 分散分析表

要因	平方和	自由度	平均平方	F_0 値	限界値
因子 A	84	3	28.0	3.50*	3.49
誤差 E	96	12	8.0	--	--
計 T	180	15	--	--	--

14.5.3 アンバランスケースでの母平均の推定

母平均 μ_i の**点推定値**は $\bar{x}_i$ です．この点推定量の分布は，n_i 個の平均ですから，

$$\bar{x}_i \sim N\left(\mu_i, \sigma^2/n_i\right) \tag{14.11}$$

となります．ここで，$S_E/\sigma^2 \sim \chi^2(\phi_E)$ であることを利用すると，(14.11) 式を標準化して，分母の σ^2 に V_E を代入することで，自由度が ϕ_E の t 分布が導かれます．そこで，μ_i の 95% 信頼限界は，次のようになります．

$$\text{信頼上限}: \bar{x}_i + t(\phi_E, 0.025)\sqrt{V_E/n_i}$$
$$\text{信頼下限}: \bar{x}_i - t(\phi_E, 0.025)\sqrt{V_E/n_i}$$

例題 14.6 表 14.5 のデータについて，中用量群の母平均の推定を行え．
解答：点推定値は，$\hat{\mu}_3 = \bar{x}_3 = 20.0$，95% 信頼限界は，$\bar{x}_3 \pm t(12, 0.025)\sqrt{8.00/3} = 20.0 \pm 2.179\sqrt{8/3} = 20.0 \pm 3.6 = 16.4, 23.6$ となる．

14.6 まとめ

3つ以上の母平均の違いは，母平均の推定値の変動を平方和で捉えます．誤差平方和は，各群ごとに計算して併合するだけで大丈夫です．(併合するときに，カイ二乗分布の再生性を利用します．)

このように計算すると，母平均の推定値や，要因平方和，誤差平方和は，互いに独立になりますので，t 分布や F 分布で検定や推定が可能です．また，サンプルサイズが異なるときも同様に計算できます．ちなみに，自由度は，いくつの平均についての平方和かで，その個数から 1 を引けば求められます．

章末問題 14

1*. $a=3$, $n=3$ の場合,帰無仮説 $H_0: \mu_1 = \mu_2 = \mu_3 (=\mu)$ の下で,$x_{ij} \sim N(\mu, \sigma^2)$ とする.ここで,$z_{ij} = \frac{x_{ij}-\mu}{\sigma} \sim N(0,1)$ とおく.

この 9 個の確率変数 z_{ij} と,$y_1 = \sum_{i=1}^{3}\sum_{j=1}^{3} z_{ij}/3$, $y_2 = \sqrt{3/2}(\bar{z}_1 - \bar{z}_2)$, $y_3 = (\bar{z}_1 + \bar{z}_2 - 2\bar{z}_3)/\sqrt{2}$ と,$y_{2i+2} = (z_{i1} - z_{i2})/\sqrt{2}$, $y_{2i+3} = (z_{i1} + z_{i2} - 2z_{i3})/\sqrt{6}$, $i=1,2,3$ の合計 9 個の確率変数について,定理 7.5 を適用して以下の性質を示せ.

1) $(y_1, \cdots, y_9)$ は互いに独立で $N(0,1)$ に従う.
2) $S_A/\sigma^2 = y_2^2 + y_3^2 \sim \chi^2(2)$
3) $S_E/\sigma^2 = \sum_{i=4}^{9} y_i^2 \sim \chi^2(6)$
4) $\bar{\bar{x}}$, S_A, S_E が互いに独立である.

第15章　相関分析と回帰分析

―（この章のポイント）――
1) 2次元の連続型データの分析には，相関と回帰がある．
2) 相関分析とは，2つの変量に関係があるかどうかを調べる手法である．
3) 回帰分析とは，1つの変量で，もう1つの変量を説明する手法である．

―――――――― 理子と数也の会話 ――――――――
理子：いよいよ，2次元，それも2回目やね．
数也：3つ以上が好きな理子は，3次元以上に興味あんの？
理子：ない．
数也：あっさりしてんなあ．なんで？
理子：**相関**と**回帰**って，2次元で既に結構めんどくさいみたいやから．
数也：相関と回帰って，どんな違いなん？
理子：目的が違うみたい．あと，説明変数が，どうとか，こうとか．
数也：まずは，2つの手法の違いが分かればいいんやね．
理子：ま，そういうこっちゃ～

　この章では，2次元の連続型データの分析方法を紹介します．15.1節では，この相互関係を調べる「相関分析」を述べます．また15.2節では，片方の変化がもう一方にどう影響するかを調べる「単回帰分析」を紹介します．最後の15.3節で，最小二乗法について説明します．

> **コラム 15.1　相関関係と回帰関係**
>
> 　例えば，スポーツ選手は記録を伸ばすために，厳しい練習を長時間行う．品質管理の世界では，製品の強度を高めるために，製造温度を変えて試作品を作る．このように，2次元データは，一方が結果で，もう一方が結果に影響を与える要因であることが多い．このような2つの変量の関係を**回帰関係**という．
>
> 　しかし，2つの変量があれば，必ず原因と結果の関係にあるとは限らない．例えば野球選手にとっては，「遠投力」，「打力」は因果関係ではなく，これらに影響を及ぼす「握力」，「背筋力」との**相関関係**が因果関係で興味がある．

15.1 相関分析

相関分析は，第 6 章で紹介した **2 次元正規分布**に従うデータの分析方法です．

15.1.1 相関係数の分布

標本相関係数 r は，母相関係数 ρ が 0 のとき，次の定理が成り立ちます．
定理 15.1 相関係数の分布は，母相関係数が 0 かどうかで異なる．
1) $\rho = 0$ のとき，以下の t_0 は自由度 $(n-2)$ の t 分布に従う．

$$t_0 = \frac{\sqrt{n-2}\, r}{\sqrt{1-r^2}} \tag{15.1}$$

2) $\rho \neq 0$ のとき，$Z(r)$ が近似的に $N(Z(\rho), \frac{1}{n-3})$ に従う．これを標準化して，次の式が近似的に成り立つ．

$$u_0 = \sqrt{n-3}\{Z(r) - Z(\rho)\} \sim N(0,1) \tag{15.2}$$

ただし，$Z(t)$ は，**Z 変換**という関数で，次の式で定義される．

Z 変換：$-1 < t < 1$ を満たす t に対して，$(-\infty, \infty)$ を動く次の $Z(t)$ のこと．

$$Z(t) := \frac{1}{2} \ln \frac{1+t}{1-t} = \tanh^{-1} t \tag{15.3}$$

1) の理由：$X_1 = x_1, \cdots, X_n = x_n$ の条件付の $Y_1, \cdots, Y_n$ の分布が**直線性の仮定**を満たす（詳細は章末問題 15.1）．このとき，15.2 節で行う議論により，条件付の t_0 は t 分布に従う．したがって，条件付きでない t_0 も，自由度 $n-2$ の t 分布に従うことがわかる．

2) の理由：省略する．

コラム 15.2　Z 変換とは

標本相関係数の分布は，左右非対称で等分散でもない．この場合，真の母相関係数の値がわからないので，標本相関係数から推定するばらつきが，真のばらつきとずれていて，検定にも推定にも利用しにくい．

このような場合，何らかの変換を行って，変換後の分散が一定になれば，特に区間推定で使える統計量となる．このような変換を**分散安定化変換**と呼ぶ．

Z 変換は，変換後の分散が ρ に無関係で一定になっており，相関係数に関する分散安定化変換になっている．

15.1.2 無相関の検定

次の例題 15.1 を用いて説明します．**無相関の検定**とは，2 つの変量に相関があるかどうかを，(15.1) 式を用いて調べる検定です．

例題 15.1：第 3 章例題 3.1 のデータに対して，無相関の検定を行う．

解答：なお，帰無仮説 $H_0 : \rho = 0$，対立仮説 $H_1 : \rho \neq 0$，有意水準は，$\alpha = 0.05$ とする．

検定統計量は，(15.1) 式の t_0 を用いる．棄却域は両側検定より，

$$R : |t_0| \geq t(n-2, 0.025) = t(30-2, 0.025) = 2.048$$

となる．ここで，検定統計量 t_0 は，第 3 章の例題 3.2 で $r = 0.8413$ であったことを用いて，以下の計算で求められる．

$$t_0 = \frac{\sqrt{n-2}\, r}{\sqrt{1-r^2}} = \frac{\sqrt{30-2} \times 0.8413}{1 - 0.8413^2} = 8.235$$

よって，$|t_0| = 8.235 \geq 2.048 = t(28, 0.025)$ となるので，無相関の帰無仮説は有意水準 5% で棄却される．したがって，x と y には相関があるといえる．

15.1.3 母相関係数の推定

母相関係数 ρ に関する点推定値と，Z 変換と (15.2) 式を用いることで，信頼率 95% の信頼区間を計算します．

例題 15.2：第 3 章例題 3.1 のデータに対して，母相関係数の推定を行う．

解答：1) 点推定

$$\widehat{\rho} = r = 0.8413 \to 0.841$$

2) 区間推定

1) r の Z 変換を行う．

$$Z = \frac{1}{2} \ln \frac{1+r}{1-r} = \frac{1}{2} \ln \frac{1+0.8413}{1-0.8413} = 1.2256$$

2) $\zeta = \frac{1}{2} \ln \frac{1+\rho}{1-\rho}$ の信頼区間を求める．

$$(\zeta_1, \zeta_2) = \left(Z - \frac{1.960}{\sqrt{n-3}}, Z + \frac{1.960}{\sqrt{n-3}} \right)$$

$$= \left(1.2256 - \frac{1.960}{\sqrt{30-3}}, 1.2256 + \frac{1.960}{\sqrt{30-3}} \right) = (0.8484, 1.6028)$$

3) Z 変換の逆変換の式を用いて，ρ の信頼区間を求める．

$$\left(\frac{e^{2\zeta_1}-1}{e^{2\zeta_1}+1}, \frac{e^{2\zeta_2}-1}{e^{2\zeta_2}+1}\right) = \left(\frac{e^{2\times 0.8484}-1}{e^{2\times 0.8484}+1}, \frac{e^{2\times 1.6028}-1}{e^{2\times 1.6028}+1}\right) = (0.690, 0.922)$$

したがって，点推定値は 0.841，信頼率 95% の信頼区間は (0.690, 0.922) である．

15.1.4　母相関係数の検定

母相関係数 ρ が，特定の相関係数 ρ_0 と等しいかどうか，Z 変換と (15.2) 式を用いて検定することができます．

例題 15.3：第 3 章例題 3.1 のデータに対して，従来の相関係数 0.7 と一致するかどうかの検定を行う（有意水準は，$\alpha = 0.05$ とする）．

解答：$\rho_0 = 0.7$ として，帰無仮説 $H_0 : \rho = \rho_0$，対立仮説 $H_1 : \rho \neq \rho_0$ を設定する．検定統計量は，(15.2) 式の u_0 を用い，棄却域は両側検定なので，$R : |u_0| \geq u(0.025) = 1.960$ である．

$$\begin{aligned} u_0 &= \sqrt{n-3}\{Z(r) - Z(\rho_0)\} = \sqrt{30-3}\{Z(0.8413) - Z(0.7)\} \\ &= \sqrt{27}(1.2256 - 0.8673) = 1.862 \end{aligned}$$

となり，$|u_0| = 1.862 < 1.960 = u(0.025)$ なので，帰無仮説は有意水準 5% で棄却されない．したがって，母相関係数が従来の相関係数 0.7 と異なるとはいえない．

> **コラム 15.3　検定と区間推定の同等性**
>
> 15.1.3, 15.1.4 項の結果について，従来の相関係数の値 $\rho_0 = 0.7$ が信頼区間に含まれることと，検定で有意にならないことが対応している．
>
> 一般的に，特定の値についての両側検定の結果と，信頼区間にその値が含まれるかどうかは対応する．したがって，検定と区間推定は，ある意味で同等の分析方法であり，二者択一を求めるか，母数の範囲を知りたいかによって使い分けるとよい．

15.2　単回帰分析

2 次元のデータ (x, y) について，x を用いて y についての情報を知りたいと考えるのは自然なことだと思います．その目的としては，予測と制御が主な事柄として考えられます．**予測**とは，将来の値についてどのような値かを知りたいと思うことで，**制御**とは，将来の値がこの範囲に収めたいと思うことです．

このとき，予測や制御される変数を**目的変数**といい，これを説明するのに用いる変数を**説明変数**といいます．このため，データは2次元正規分布ではなく，x は定数として扱われ，15.2.2項で説明する「直線性の仮定」を分析の前提とします．

コラム 15.4 予測と制御の違い

予測とは，例えば天気予報のように，過去に知り得る情報をできる限り用いて，将来の天気を予想する手法である．これに対して，1時間後の熔鉱炉内の温度のように，自分が設定できる事柄を用いて，結果を操作することを**制御**という．両者で，分析に用いる手法は異なるが，いずれにせよ，天気を説明できるかどうかが，極めて重要である．

熔鉱炉の温度を，ある一定の範囲に収めたい場合，この目的に用いることができる変数は自分で設定できる変数に限られる．この制御できる変量のことを，**制御因子**という．これに対して，天気予報における当該地域のやや西に位置する地域の天気のように，制御することはできないけれど，予報には使える変量のことを**標示因子**といい区別する．

15.2.1 最小二乗推定量

2次元のデータ (x_i, y_i)，$i = 1, 2, \cdots, n$ に対して，直線関係 $y = a + bx$ を想定します．ここで，直線による予測値と実測値のズレを最小にするため，ズレの二乗和を最小にする係数 a, b を求める方法が**最小二乗法**です．

この結果，次の推定量が得られます．導出方法は15.3節で述べます．

$$\widehat{a} = \overline{y} - \widehat{b}\overline{x}, \quad \widehat{b} = \frac{S_{xy}}{S_{xx}}$$

15.2.2 直線性の仮定

また，得られたデータには，次の直線性の仮定をします．

直線性の仮定：

$$Y_i = \beta_0 + \beta_1(x_i - \overline{x}) + \varepsilon_i, \quad \varepsilon_i \sim N(0, \sigma^2), \quad i = 1, \cdots, n \tag{15.4}$$

このとき，β_0，β_1 は**回帰係数**，特に β_1 のことを**偏回帰係数**と呼びます．また，ε_i は**誤差**と呼ばれます．

これらの偏回帰係数と a, b の関係は，$b = \beta_1$，$a = \beta_0 - \beta_1 \overline{x}$ ですから，β_0，β_1 の推定量は，次のようになります．

$$\widehat{\beta_0} = \overline{y} \tag{15.5}$$

$$\widehat{\beta_1} = \frac{S_{xy}}{S_{xx}} \tag{15.6}$$

15.2.3 予測値とは

説明変数 $x = x_i$ のときの回帰直線上の点の y 座標の値は**予測値**と呼ばれ，次の式で求められます．

$$\widehat{y_i} = \widehat{\beta}_0 + \widehat{\beta}_1(x_i - \overline{x}) \tag{15.7}$$

15.2.4 平方和の分解

まず，次の等式を見て下さい．

$$y_i - \overline{y} = (y_i - \widehat{y_i}) + (\widehat{y_i} - \overline{y}) \tag{15.8}$$

この左辺は全変動で，データのばらつきを表しています．これを，右辺第 1 項の予測値からのズレとしての誤差的なばらつきと，第 2 項の回帰によるばらつきに分解しています．実は，これらの二乗和には，次の等式が成り立ちます．この性質を**平方和の分解**といいます（$\widehat{y_i} - \overline{y} = \widehat{\beta}_1(x_i - \overline{x})$ に着目するのがポイントです．詳細は章末問題 15.2）．

$$S_T = S_R + S_e \tag{15.9}$$

$$\textbf{総平方和}：S_T = \sum_{i=1}^{n}(y_i - \overline{y})^2 = S_{yy} \tag{15.10}$$

$$\textbf{回帰平方和}：S_R = \sum_{i=1}^{n}(\widehat{y_i} - \overline{y})^2$$

$$\textbf{残差平方和}：S_e = \sum_{i=1}^{n}(y_i - \widehat{y_i})^2$$

ここで，回帰平方和は，$\widehat{y_i} - \overline{y} = \widehat{\beta}_1(x_i - \overline{x})$ に着目すると，

$$S_R = \frac{S_{xy}^2}{S_{xx}} \tag{15.11}$$

でも求められます（章末問題 15.3 参照）．

また各々の平方和にはその自由度があり，総自由度は $\phi_T = n - 1$ で，回帰の自由度は $\phi_R = 1$ で，残差の自由度は $\phi_e = n - 2$ です．これらの自由度の間にも平方和の分解と対応した，次の関係式が成り立ちます．

$$\phi_T = \phi_R + \phi_e \tag{15.12}$$

15.2.5 統計量の分布

単回帰分析における分析の中心は,傾き β_1 です.一方,回帰残差の平方和である S_e は,傾きの推定量と独立になることが示されます.そこで,以下のように傾きの推定量 $\widehat{\beta}_1$ の分布が導かれます.

$$\widehat{\beta}_1 \sim N\left(\beta_1, \frac{\sigma^2}{S_{xx}}\right) \tag{15.13}$$

$$\frac{S_e}{\sigma^2} \sim \chi^2(\phi_e), \quad \phi_e = n-2 \tag{15.14}$$

したがって,(15.13) 式を標準化し,(15.14) 式と併せると,次の性質が得られます.

$$t = \frac{\widehat{\beta}_1 - \beta_1}{\sqrt{V_e/S_{xx}}} \sim t(\phi_e) \tag{15.15}$$

定理 15.2 傾きの推定量 $\widehat{\beta}_1$ と残差平方和 S_e は互いに独立に,(15.13),(15.14) 式の分布に従う.よって,(15.15) 式が成り立つ.

理由:省略(章末問題 15.4 参照)

15.2.6 単回帰分析の計算手順(その 1)

目的変数を説明するのに,説明変数が影響しているかどうか調べたいとします.この分析は傾きがゼロかどうかの検定を行えばよく,結果は無相関の検定と一致します.
このとき,(15.15) 式で $\beta_1 = \beta_{10} = 0$ を代入した値は,

$$t_0 = \frac{\widehat{\beta}_1}{\sqrt{V_e/S_{xx}}} \sim t(\phi_e) \tag{15.16}$$

となり,(15.1) 式と一致することが確かめられます(両者を,S_{xx}, S_{yy}, S_{xy} で表現せよ).また,従来の傾き β_{10} と同じかどうかの検定も行えます.

例題 15.4:第 3 章例題 3.1 のデータに対して,傾きがゼロかどうかの検定と,傾きの推定を行う.なお,第 3 章例題 3.2 より,$S_{xx} = 238, S_{yy} = 386, S_{xy} = 255$ である.

解答:(1) 検定

まず,$\beta_{10} = 0$ として帰無仮説 $H_0 : \beta_1 = \beta_{10}$,対立仮説 $H_1 : \beta_1 \neq \beta_{10}$,有意水準 $\alpha = 0.05$ とする.
検定統計量は (15.16) 式の t_0 を用い,棄却域は

$$R : |t_0| \geq t(\phi_e, \alpha/2) = t(30-2, 0.025) = 2.048$$

15.2 単回帰分析

と設定する．検定統計量の計算は，まず，平方和から始める．

総平方和は $S_T = S_{yy} = 386$，回帰平方和は $S_R = S_{xy}^2/S_{xx} = 255^2/238 = 273.21$ より，残差平方和は $S_e = S_T - S_R = 386 - 273.21 = 112.79$ と求められる．

ここで，$\phi_e = n - 2 = 28$ であるから，$V_e = S_e/\phi_e = 112.79/28 = 4.0282$ となる．また，$\widehat{\beta}_1 = S_{xy}/S_{xx} = 255/238 = 1.0714$ である．

これらのことから，検定統計量 t_0 は，

$$t_0 = \frac{\widehat{\beta}_1 - \beta_{10}}{\sqrt{V_e/S_{xx}}} = \frac{1.0714 - 0}{\sqrt{4.0282/238}} = 8.235$$

となる．したがって，$|t_0| = 8.235 \geqq 2.048 = t(\phi_e, 0.025)$ であるから，回帰は意味があったといえ，帰無仮説は有意水準 5% で棄却される．

(2) 推定

1) 点推定

$$\widehat{\beta}_1 = \frac{S_{xy}}{S_{xx}} = \frac{255}{238} = 1.0714 \to 1.071$$

2) 信頼率 95% の信頼区間

$$\widehat{\beta}_1 \pm t(\phi_e, 0.025)\sqrt{V_e/S_{xx}} = 1.071 \pm 2.048 \times \sqrt{4.0282/238}$$
$$= 1.071 \pm 0.266 = (0.805,\ 1.337)$$

15.2.7 単回帰分析の計算手順（その 2）*

前項と同じ結果をもたらす分散分析表による検定方法を紹介します．この方法は，説明変数が複数の重回帰分析においては，標準的な解法です．

例題 15.5：第 3 章例題 3.1 のデータに対して，傾きがゼロかどうかの検定を分散分析表を用いて行う．

解答：まずは，$\beta_{10} = 0$ として，帰無仮説 $H_0：\beta_1 = \beta_{10}$，対立仮説 $H_1：\beta_1 \neq \beta_{10}$，有意水準は $\alpha = 0.05$ とする．

検定統計量は，

$$F_0 = \frac{V_R}{V_e} \tag{15.17}$$

で，棄却域は，

$$R：F_0 \geqq F(\phi_R, \phi_e, 0.05) = F(1, 28; 0.05) = 4.20$$

とする．

ここで，平方和は例題 15.4 と同様に，$S_T = S_{yy} = 386$，$S_R = 273.2$，$S_e = 112.8$ となる．また，自由度は，$\phi_T = n - 1 = 29$，$\phi_R = 1$，$\phi_e = n - 2 = 28$ である．

さらに，分散は $V_R = S_R/\phi_R = 273.2/1 = 273.2$，$V_e = S_e/\phi_e = 112.8/28 = 4.029$ と得られ，$F_0 = V_R/V_e = 273.2/4.029 = 67.8$ である．

よって，$F_0 = 67.8 \geqq 4.20 = F(1, 28; 0.05)$ となり，回帰は意味があったといえ，帰無仮説は有意水準 5% で棄却される．

補足：(15.16) 式の t_0 と (15.17) 式の F_0 は，$F_0 = t_0^2$ が成り立つ．よって，これらの検定は同等（同じ結果をもたらす）である（章末問題 15.5 参照）．

15.3　最小二乗法*

n 組の 2 次元のデータ (x_i, y_i)，$i = 1, 2, \cdots, n$ があるとします．このとき，最も単純な予測方法は，直線，
$$y = a + bx$$
を想定することでしょう．例えば，x が体重で y が身長の場合，何らかの方法で，a, b が想定できるなら，身長が $x = x_i$ の人の体重は，$\widehat{y_i} = a + bx_i$ と予測できます．

この予測した値と，実際の値のズレ $y_i - \widehat{y_i}$ は小さいほうが嬉しいです．ここで，ズレは正の値も負の値も取るため，このズレの二乗和を最小にする方法が考えられています．これを**最小二乗法**といいます．

具体的には，次のような量を考え，これを a, b に関して最小にする方法です．
$$Q = \sum_{i=1}^{n} (y_i - \widehat{y_i})^2 = \sum_{i=1}^{n} \{y_i - (a + bx_i)\}^2 \tag{15.18}$$

証明：偏差の和がゼロであると考え，偏差を用いて以下のように式変形する．
$$Q = \sum_{i=1}^{n} \{y_i - (a + bx_i)\}^2 = \sum_{i=1}^{n} \{(y_i - \overline{y}) - b(x_i - \overline{x}) + (-a + \overline{y} - b\overline{x})\}^2$$
$$= b^2 S_{xx} - 2b S_{xy} + S_{yy} + n(-a + \overline{y} - b\overline{x})^2 \qquad \textbf{証明終}$$

したがって，以下のときに，Q が最小になることがわかります．
$$b = \widehat{b} := \frac{S_{xy}}{S_{xx}}, \quad a = \widehat{a} := \overline{y} - \widehat{b}\overline{x}$$

この $\widehat{a}$, $\widehat{b}$ は**最小二乗推定量**と呼ばれます．

15.4　まとめ

この章では，2 次元の連続型データとして，正規分布に従う場合の分析方法を 2 つ紹介しました．1 つ目は，2 つの変量の相関関係の有無を調べる相関分析です．相関分

15.4 まとめ

析は，相関係数を求めて，無相関の場合には正確な t 検定を，一般の場合には Z 変換という分散を一定にする変換を用いて検定や推定を行いました．

2つ目は単回帰分析です．これは一方の変数で他方を説明（予測や制御）するときの分析方法で，直線性の仮定を置いて分析しました．このうち，傾きがゼロであるかどうかの検定は，相関分析の「無相関の検定」と同等であることがわかっています．

最後の 15.3 節では，回帰分析の推定量の導出方法の大原則でもある「最小二乗法」を説明しました．予測のズレを減らすためには，$x = x_i$ のときの予測値と実測値を近づければよい，と考えれば，最小二乗法がいかに理にかなっているかがわかります．

章末問題 15

1*. 2次元正規分布において，$X_1 = x_1, \cdots, X_n = x_n$ での条件付き分布が，直線性の仮定を満たすことを示せ．

2. 平方和の分解 $S_T = S_R + S_e$ を示せ．

3. $S_R = S_{xy}^2 / S_{xx}$ と計算できることを示せ．

4*. 定理 15.2 を示せ．

5. (15.16) 式の t_0 と (15.17) 式の F_0 は，$F_0 = t_0^2$ が成り立つことを示せ．

第16章 この本のまとめ

―（この章のポイント）―
1) 統計学とは，データを用いて，興味の対象に迫る学問である．
2) 母集団としては，母平均や母比率などに興味をもつ．
3) これに対してデータを取り，分析していく．

――― 理子と数也の会話 ―――
理子：いよいよ，最終回．
数也：後はもうひたすら，地道にコツコツと勉強するだけやな．あーツラ．
理子：私，あんたのそういうとこ，キライじゃないよ．
数也：エッ，ウソッ！　ちょっぴり嬉しい！
理子：何か，誤解してる？　まあいいわ．いずれにせよ大切なのは大局観かな．
数也：統計学の本質とか．
理子：そうそう，何のために勉強しているのかとか，考えてる？
数也：いや，僕は君と一緒に勉強できるなら…
理子：100年早いわ！　私に言いよるなんて！
数也：ひえ～～～！　（いや待て，100年経ったら良いってことか？）
理子：まあ，しゃーなし．試験勉強ぐらい，つきあったげるわ．

　この章では，総まとめとして，今までの概念や手法を，どのようにデータ解析につなげるかを，発展的な手法の紹介も含め，説明します．

16.1　計量値の勧め

　データは，計数値ではなく，計量値で得ることが望ましいです．例えば，試験の結果（合否）は計数値データですが，どの程度頑張ったかを知るには，試験の素点に興味をもつのが自然です．工業製品であっても，規格に合致しているかどうかだけの情報よりも，規格に対する余裕の度合いや，規格を満たさない製品の正確な状況を把握するために，元データを連続的な値として得ることが望まれます．
　このことは，データを分析するためには，最初にどうデータ化するかが大切であることを意味しています．多くの場合，測定値は誤差を伴って得られ，かつ，その誤差は非常に多くの原因が複合して発生するので，正規分布が仮定されます．実際に，よ

く管理された工場での製造工程においては，測定値は正規分布に従っています．
つまり，データ解析の基本は「データは正規分布に従う」ということです．

コラム 16.1　正規確率プロット

データが正規分布に従っているかどうかは，ヒストグラムによって判断できる．しかし，現実的には標本の大きさ $n \geq 30$ がいつも確保できるとは限らない．このような場合，1.5.3 項で紹介した歪度や尖度のような統計量で判断する方法もあるが，**正規確率プロット**という図による手法もある．

正規確率プロットは，まず得られたデータ $x_1, \cdots, x_n$ を小さい順 $x_{(1)} \leq \cdots \leq x_{(n)}$ に並べ替える．これらを $(x_{(i)}, \Phi^{-1}(\frac{i}{n+1}))$, $i = 1, \cdots, n$ という n 個の点として，平面上に打点する．打点が直線状に並んでいたら正規分布だと判断し，直線からずれていたら，正規分布ではないと判断する．

16.2　分析の基本は，2群比較から

データ解析を志したら，まず，2群比較から始めます．2群比較とは，2つの母集団を比較することで，例えば，ダイエットをして効果を確かめたければ，まず，ダイエット前の状況をデータで客観的に把握してから，自分の信じる方法を試して，結果としての体重を測定することが望まれます．

本当は，季節変動や体調不良の影響などを除かなければ，ダイエット法の真の効果かどうか確認ができません．つまり現実には，2群比較という最も単純な場合であっても，データを適切に取ることは困難が伴います．

そこで，多くの場合，複数の人を対象に，2つのダイエット法（1つは，何もしない方法でも可）をランダムに割り当てて，ここから得られたデータで分析を行います．

仮説を考えてデータを取り，これを分析する「統計学の考え方」を，最も手軽に実行できるのは，第12章で紹介した，2つの母集団の比較です．

16.3　多群と多次元の違い

ここで，正しく理解してほしい点は，2群と2次元の違いです．群とは，基本的に母集団が複数あるとき，各々の母集団から標本を得た集まりのことです．興味の対象である母集団が3つあれば，3群のデータと呼ばれます．

これに対して，例えば人間であれば，体格を表す尺度として，「身長，体重，胸囲，座高」の4つがあります．もちろん，体力測定をすれば「肺活量，握力」など，多数の測定項目が得られます．これらは変量といわれ，この数が「次元」となります．身

長と体重のデータは，2次元データと呼ばれます．

16.3.1 2次元データの分析方法

第15章でも紹介しましたが，2次元データの分析方法には，互いの関係を知る**相関分析**，片方からもう一方を説明する**回帰分析**の2つがあります．

2次元データであっても，片方が計数値（あるいは分類値）の場合には，この分類値ごとに群を構成しなおして，**多群の分析**を行うことができます．両方が分類値の場合には，第14章で紹介した**分割表**が使えます．

また，3次元以上のデータは，**多変量解析**という手法群があります．

16.3.2 多群データの分析方法

多群のデータは，データが正規分布に従う場合には，母平均に関する**一元配置分散分析**や，母分散の検定（バートレット検定）などが可能です．

また，新薬開発の場面で用いられる臨床試験データでは，群に順序を考え，全体としての有意水準（Type I FWE）などが考慮された，**多重比較法**があります．

コラム 16.2　繰り返しのある単回帰分析

単回帰分析において，実験を計画して実施する場合，1つの説明変数の値に対して複数の実験を行うことが可能な状況がある．

$$データ：y_{ij} = \beta_0 + \beta_1(x_i - \overline{x}) + \gamma_i + \varepsilon, \ \ \varepsilon \sim N(0, \sigma^2)$$

これは**繰り返しのある単回帰分析**である．この形式でデータを得ると，通常の単回帰分析のみならず，一元配置分散分析としても分析できる．また，これらを組み合わせることで，両者の関係が直線的であるかどうかも検討できる．

16.4 より複雑なモデル

例えば回帰分析で，目的変数に影響を与える説明変数は1つとは限りません．2つ以上の説明変数を考えるとき，私たちは**重回帰分析**という手法を適用できます．

また分散分析でも，結果に影響を与える要因が1つとは限りません．例えば，2つの要因の各水準ごとに得られたデータには，**二元配置分散分析**が適用できます．

つまり，単回帰分析と一元配置分散分析の2つの手法が，多くの手法の基礎となっています．これらを学び，実際のデータを取って分析を行って経験を積むことで，データ解析のプロへの道が開けます．

16.5　比率データへの対応

とはいえ，現実にデータ解析を行ってみると，比率データの量は大変多いです．特に，スポーツのデータ解析で，私たちが独自にデータを取って分析する場合は，ほとんどが比率データとなります．

またアンケート結果のように，2択で答えを得た場合，(0, 1) データ，すなわち比率データとなります．比率データの2群比較は，第13章で紹介した手法が適用できます．

この比率データの分析は，要因を複数考えて分析していくと，必ず分散分析や回帰分析につながっていきます．**ロジット回帰分析**，**ロジット分散分析**が世間で広く使われているのは，このような背景があります．

16.6　手法の使い分け：ノンパラメトリック法の勧め

最後に，手法の使い分けについて，整理します．データ解析は，2群比較が基本だと述べましたが，このとき，どの手法を使うかは，データの従う分布で決まります．データの分布によって，それぞれの場合に分けて説明します．

16.6.1　データの分布が計量値の場合

例えば，元データが誤差に支配される正規分布型のときには，第12章の手法が使えます．また，寿命データのように指数分布型であれば，「指数分布を期待値で割って2倍」すると「自由度2の χ^2 分布」に一致することを用いて分析できます．

16.6.2　データの分布が計数値の場合

他方，データが計数値である場合も，例えば二項分布に従う場合は，第13章で紹介した手法が適用できます．しかし，現実には，比率データであっても，その比率が変化することで，二項分布に従わないデータがあります．詳細は次のコラムを見て下さい．このような場合，定番の変数変換があり，これを施すことで計量値の分析に帰着できるときは，非常に好都合です．しかし，変数変換を行うと，必ずその妥当性や合理性の説明を求められます．多くの場合，これは容易ではありません．

> **コラム 16.3 乳幼児の言語獲得データは，二項分布に従うか？**
>
> 乳幼児の言語獲得のデータにおいて，例えば 28 項目の単語に対して，乳幼児が使ったかどうかを親がチェックしたデータがある．各月齢ごとに 100 名前後のデータがあり，形式的には二項分布に従うように思える．
>
> しかし，回答項目数で分類してヒストグラムを作成すると，まったく二項分布には従っておらず，その原因は個人差であると考えられる．二項分布は，同じ比率のデータの合計であったことを，再認識させられた例である．

16.6.3 データの分布が仮定できない場合

そこで，分布形が仮定できない場合の手法が望まれます．この要請に応える手法が，ノンパラメトリック法です．ノンパラメトリック法では，データの大小，順位などを活用して，検定を行います．この本では，符号検定と，ウィルコクソンの順位和検定の 2 つを紹介します．

1) 符号検定

ノンパラメトリック法で最も単純な手法は，**符号検定**です．これは，比率データの $P=\frac{1}{2}$ かどうかの検定として実行可能です．比率データの確率計算には正確法がありますので，符号検定はデータ数が小さいときには正確法で，データ数が多くなると正規分布による近似検定として実行可能です．

この符号検定は，株価のアップダウンの独立性など，アレンジ次第で多くの場面に適用できます．相関分析の場面でも，メジアン線で領域を 4 つに分割して，第 1 象限と第 3 象限のデータ数を数える **4 分割法**という手法でも符号検定が活躍します．

2) ウィルコクソンの順位和検定

2 群のデータ（大きさ m, n）を，値の大きさの順に 1 位から $N(=m+n)$ 位まで順位データに変換します．このとき，一番小さいデータを 1 位にすると，元データの大小と順位の大小が揃うので，必ずこの原則を守って下さい．

次に，m と n の小さい方の群における順位の和を計算して下さい．この原則も，数値表を作成したウィルコクソンさんに敬意を表し，必ず守って下さい．すると，数値表を引くことで，有意差検定が可能になります．

この検定方法が，うまく機能している最大の理由は，「帰無仮説の下では，どんな順位の組合せも等確率で起こる」ことです．

16.6 手法の使い分け：ノンパラメトリック法の勧め

3）ノンパラメトリック法の適用場面

　サリドマイドの薬害事件の裁判において，順位相関係数と通常の相関係数のいずれを選択するかが争点になり，順位相関係数が採用されたことで，因果関係の示唆につながったことは，大変有名な話です．このように，ノンパラメトリック法は，他に適用できる手法がない，非常に困難な状況で活躍する手法です．

　データ解析を学んでいく過程で，通常の検定手法で理解した，2つの仮説，2つの誤り，2つの確率の話を踏まえて，ぜひ，これらのノンパラメトリック手法も使いこなして下さい．なお，ノンパラメトリック法における確率計算は，組合せの計算となります．

章末問題 16

1. 数理統計を学ぶときに考えるべき2つの仮説とは何か考察せよ．また，このときのデータとは何か，帰無仮説，対立仮説についても各自で考察せよ．

おわりに（数也と理子の今後）

　各章の冒頭に登場した数也は，データを取り続けると思います．検定を行うたびに，数也は，理子の真実に迫っていくことでしょう．結論は，もちろん本人たちの自由ですが「100 年早い」と言われても「メゲナイ志」が，きっとデータ解析にも必要だと思います．

　　　　　データ解析には，ベストはない，ただベターがあるだけだ．

というのは，私の恩師である，吉村功先生の言葉です．この言葉を忘れない限り，データ解析は，常に多くの人に平等に，その分析結果による果実を与えてくれます．
　皆さんが，数也と理子に負けずに，データ解析を続けて下さることを祈念して，筆を置きたいと思います．

章末問題の解答

章末問題 1
1. $S = \sum_{i=1}^{n}(x_i - \overline{x})^2 = \sum_{i=1}^{n}(x_i^2 - 2\overline{x}x_i + \overline{x}^2) = \sum_{i=1}^{n}x_i^2 - 2\overline{x}\sum_{i=1}^{n}x_i + n\overline{x}^2.$

2. まず，$n\overline{y} = \sum_{i=1}^{n}y_i = b\sum_{i=1}^{n}(x_i - a) = bn(\overline{x} - a)$ となる.
   よって，$y_i - \overline{y} = b(x_i - a) - b(\overline{x} - a) = b(x_i - \overline{x}).$

章末問題 2
1. 母平均：$\mu = E(X) = 1 \times \frac{1}{6} + 2 \times \frac{1}{2} + 3 \times \frac{1}{3} = \frac{13}{6}$
   母分散：$\sigma^2 = E\{(X-\mu)^2\} = (1 - \frac{13}{6})^2 \times \frac{1}{6} + (2 - \frac{13}{6})^2 \times \frac{1}{2} + (3 - \frac{13}{6})^2 \times \frac{1}{3}$
   $= \frac{49+3+50}{216} = \frac{102}{216} = \frac{17}{36}$

2. $Var(X) = E[(X-\mu)^2] = E(X^2 - 2\mu X + \mu^2) = E(X^2) - 2\mu E(X) + \mu^2$
   ここで，$E(X) = \mu$ ゆえ $Var(X) = E(X^2) - 2\mu^2 + \mu^2 = E(X^2) - \mu^2.$

3. 1) $E(Y) = \sum_{i=1}^{\infty}(ax_i + b)p_i = a\sum_{i=1}^{\infty}x_i p_i + b\sum_{i=1}^{\infty}p_i = aE(X) + b.$
   2) $\mu_y = E(Y) = a\mu_x + b$ ゆえ，$Var(Y) = E[(Y - \mu_y)^2] = E[\{(aX+b) - (a\mu_x + b)\}^2] = E[\{aX - a\mu_x\}^2]$ よって，$Var(X) = a^2 E[(X-\mu_x)^2].$

4. (2.1) 式を用いると $q = P(X = 偶数) = P(X=0) + P(X=2) + P(X=4) + \cdots$ と変形できる．$e^x = \sum_{k=0}^{\infty} x^k/k!$ において，$x = 1, -1$ を考えると，$e + e^{-1} = 2\sum_{m=0}^{\infty} 1/(2m)!$ である．よって，$P(X = 偶数) = \frac{1}{2}(1 + e^{-2}).$

5. まず $P(E_i)P(A|E_i) = P(A \cap E_i)$ に注目すると，右辺の分母は
   $P(A) = P(A \cap \Omega) = P\{\cup_{i=1}^{\infty}(A \cap E_i)\} = \sum_{i=1}^{\infty} P(A \cap E_i)$
   とわかる．$P(E_i|A) = P(A \cap E_i)/P(A)$ より結論を得る.

章末問題 3
1. $Q = \sum_{i=1}^{n}\{(x_i - \overline{x}) - t(y_i - \overline{y})\}^2 = t^2 S_{yy} - 2t S_{xy} + S_{xx}$ が常に 0 以上であるから，t に関する 2 次式の判別式 $D/4 \leqq 0$ と考えれば示せる．等号成立は，$D = 0$ ゆえ，ある $t = t_0$ で $Q = 0$ と考えられる．これは，$x_i - \overline{x}$ と $y_i - \overline{y}$ が比例する場合である．正確には，x_i が一定の場合を加え「n 個の点 (x_i, y_i) が一直線上」である.

2. 定理 3.1 における $X \perp\!\!\!\perp Y$ の時の $E(XY)$ の計算の真似をすればよい.

3. $E\{(X - \mu_x) - t(Y - \mu_y)\}^2$ が常に 0 以上であるから，t に関する 2 次式の判別式 $D/4 \leqq 0$ と考えれば示せる.

4. $\overline{u} = b\overline{x},\ \overline{v} = d\overline{y}$ ゆえ，$u_i - \overline{u} = b(x_i - \overline{x}),\ v_i - \overline{v} = d(y_i - \overline{y})$ よりわかる.

章末問題 4

1. 概要：並べられた実数を，小数点表示します．ここで，対角線論法を用いて，第 i 番目の小数の，小数点以下第 i 桁目に注目して，これと 5 違いの数字を作り，これらを並べた小数を考えると，今までのどの小数とも異なります．

2. $X \sim U(0,1)$ ならば $f(x) = 1, (0 < x < 1)$ である．$y = -\log x$ ゆえ $x = e^{-y}$. これらを定理 4.1（変数変換公式）に当てはめればよい．

3. 連続型確率変数の母平均，母分散の式 (4.5),(4.6) を用いるとわかる．

4. 1) は，条件付き確率の定義を用いる．後は，指数分布の密度関数と分布関数を用いればよい．

章末問題 5

1. $M_X'(t) = n(pe^t)(pe^t+q)^{n-1}$ ゆえ，$E(X) = M_X'(0) = np(p+q)^{n-1} = np$. また，$M_X''(t) = M_X'(t) + n(n-1)(pe^t)^2(pe^t+q)^{n-2}$ ゆえ，$E(X^2) = M_X''(0) = M_X'(0) + n(n-1)p^2 = np + n(n-1)p^2$, とわかる．よって，$Var(X) = E(X^2) - \{E(X)\}^2 = np + n(n-1)p^2 - (np)^2 = np(1-p)$.

2. $M_X(t) = \sum_{k=0}^{\infty} e^{tk} e^{-\lambda} \frac{\lambda^k}{k!} = e^{-\lambda} \sum_{k=0}^{\infty} \frac{(\lambda e^t)^k}{k!}$
ここで，$A = \lambda e^t$ とおくと，**等式** が使えて，結論を得る．

3. (5.4) 式の p_k に $p = \lambda/n$ を代入して，以下の変形を行えばよい．

$$p_k = \frac{n(n-1)\cdots(n-k+1)}{k!}(\frac{\lambda}{n})^k(1-\frac{\lambda}{n})^{n-k} = \frac{\lambda^k}{k!} \times (1-\frac{\lambda}{n})^n \times (1-\frac{\lambda}{n})^{-k} \to \frac{\lambda^k}{k!} \times e^{-\lambda} \times 1$$

4. 定理 5.1 と定理 5.3 を用いて，二項分布の再生性と同様に示せる．

章末問題 6

1. 定理 4.1 より $I_2 = \int_{-\infty}^{\infty} \phi(y)dy = \int_{-\infty}^{\infty} \frac{1}{\sqrt{2\pi}} e^{-\frac{y^2}{2}} dy = 1$.

2. 定理 4.1 より $\int_{-\infty}^{\infty} f(x)\,dx = \frac{1}{\sqrt{2\pi}\sigma} \int_{-\infty}^{\infty} \exp\{-\frac{(x-\mu)^2}{2\sigma^2}\}\,dx = 1$.

3. $M_X'(t) = (\mu + \sigma^2 t) M_X(t)$ より，$E(X) = M_X'(0) = (\mu + \sigma^2 \times 0) M_X(0) = \mu$.
$M_X''(t) = \sigma^2 M_X(t) + (\mu + \sigma^2 t) M_X'(t)$ より，
$E(X^2) = M_X''(0) = \sigma^2 M_X(0) + (\mu + \sigma^2 \times 0) M_X'(0) = \sigma^2 + \mu \times \mu$.
よって，$Var(X) = E(X^2) - \{E(X)\}^2 = (\sigma^2 + \mu^2) - \{\mu\}^2 = \sigma^2$.

4. $\Gamma(1/2) = \int_0^{\infty} x^{1/2-1} e^{-x} dx$ において，$y = \sqrt{x}$ とおくと，定理 6.3 の I_1 を用いて，$\Gamma(1/2) = 2I_1 = \sqrt{\pi}$ と分かる．

5. まず，$\Gamma(a)\Gamma(b) = \int_0^{\infty}\int_0^{\infty} e^{-x-y} x^{a-1} y^{b-1} dx dy$. ここで，$u = x+y, v = x/(x+y)$ とおいて定理 6.1 を適用すると，$x = uv, y = u - uv$ となり，$J = u$ を得る．

章末問題の解答 153

6. $g(x,y) = f(u,v)|J| = 1 \times 1 \times |J| = |J|$ である。今，$x^2 + y^2 = -2\ln u$, $y/x = \tan(2\pi v)$ より，$J = \frac{\partial u}{\partial x}\frac{\partial v}{\partial y} - \frac{\partial u}{\partial y}\frac{\partial v}{\partial x} = -xu \times \frac{\cos^2(2\pi v)}{2\pi x} - (-yu) \times \frac{-y\cos^2(2\pi v)}{2\pi x^2} = \frac{-u}{2\pi}$.

7. 母分散 $\sigma^2 = E\{(X-\mu)^2\}$ を，x の範囲で，次の3つの場合に分けて積分する。（① $x \leqq \mu - c\sigma$ の場合，② $\mu - c\sigma < x < \mu + c\sigma$ の場合，③ $x \geqq \mu + c\sigma$ の場合）この積分の被積分関数を下から評価する。内側は0以上，外側は，$(c\sigma)^2$ 以上とする。これを整理すると，結論を得る。

8. 1) $\log M_X(t)$ の t による級数展開は，$\log M_X(t) = a_0 + a_1 t + a_2 t^2 + \cdots$ とできる。$M_X'(0) = E(X) = \mu$, $M_X''(0) = E(X^2) = \sigma^2 + \mu^2$ よりわかる。
2) $X_1, \cdots, X_n$ が独立ゆえ，S_n の積率母関数は各々の積となる。
3) $M_{cX+d}(t) = E\{e^{t(cX+d)}\} = E\{e^{dt}e^{(ct)X}\} = e^{dt}M_X(ct)$.
4) 3) で，$c = \frac{1}{\sqrt{n}\sigma}$, $d = -\frac{\sqrt{n}\mu}{\sigma}$ とおいて変形すればよい。

章末問題 7

1. 標準正規分布の密度関数は $\phi(z) = \frac{1}{\sqrt{2\pi}}e^{-\frac{z^2}{2}}$ であるから，カクリツもどき $\phi(z)dz$ を用いて，取り得る値とカクリツの積和を考える。
$$M_X(t) = E(e^{tX}) = E(e^{tZ^2}) = \int_{-\infty}^{\infty} e^{tz^2}\varphi(z)dz = \frac{1}{\sqrt{2\pi}}\int_{-\infty}^{\infty} e^{tz^2}e^{-\frac{z^2}{2}}dz$$
$$= \frac{1}{\sqrt{2\pi}}\int_{-\infty}^{\infty} e^{-\frac{z^2}{2}(1-2t)}dz$$
ここで，$\sigma^2 = 1/(1-2t)$ とおくと，上の積分は $Z \sim N(0,\sigma^2)$ の時の密度関数の全区間での積分の σ 倍となる。

2. $X_i - \mu = (X_i - \overline{X}) + (\overline{X} - \mu)$ と考え，積の項がゼロであることを確かめればよい（偏差の和がゼロに注目！）。

3. $Z_i = \frac{X_i - \mu}{\sigma} \sim N(0,1)$ である。$Y_1 = (Z_1 + \cdots + Z_n)/\sqrt{n}$, $Y_2 = (Z_1 - Z_2)/\sqrt{2}$, $Y_3 = (Z_1 + Z_2 - 2Z_3)/\sqrt{6}, \cdots, Y_n = \{Z_1 + \cdots + Z_{n-1} - (n-1)Z_n\}/\sqrt{n(n-1)}$ とおくと，この変換の $J = 1$ でかつ，$Y_1^2 + \cdots + Y_n^2 = Z_1^2 + \cdots + Z_n^2$ ゆえ，$(Y_1, \cdots, Y_n)$ は互いに独立に $N(0,1)$ に従う。上の2番の結果と併せて，$\frac{S}{\sigma^2} = Y_2^2 + \cdots + Y_n^2$ ゆえ，$Y_1 = \sqrt{n}\overline{Z} = \frac{\overline{X} - \mu}{\sqrt{\sigma^2/n}}$ と独立になる。

4. 上の3番で述べた $\frac{S}{\sigma^2} = Y_2^2 + \cdots + Y_n^2$ ゆえ結論を得る。

5. この式は定理6.1で，$X \sim N(0,1)$, $Y \sim \chi^2(k)$, $U = \frac{X}{\sqrt{Y/k}}$, $V = Y$ と考える。これらの周辺密度は，$\phi(x) = \frac{1}{\sqrt{2\pi}}e^{-\frac{x^2}{2}}$, $f(y) = \frac{1}{\Gamma(k/2)2^{k/2}}y^{k/2-1}e^{-y/2}$ であるから，(U,V) の同時密度は $g(u,v) = f(x,y)|J| = \phi(x)f(y)\sqrt{v/k}$ である。これを u,v で表現して v で積分することで結論を得る。

6. この式は定理6.1で，$X \sim \chi^2(m)$, $Y \sim \chi^2(n)$, $F = \frac{X/m}{Y/n}$, $V = Y$ と考える。

これらの周辺密度は $f_1(x) = \frac{1}{\Gamma(m/2)2^{m/2}} x^{m/2-1} e^{-x/2}$, $f_2(y) = \frac{1}{\Gamma(n/2)2^{n/2}} y^{n/2-1} e^{-y/2}$ であるから, (U,V) の同時密度は $g(u,v) = f(x,y)|J| = f_1(x)f_2(y)(mv/n)$ である. これを u,v で表現して v で積分することで結論を得る.

7. $z = \frac{a(1-y)}{by}$ より, $y = (1+bz/a)^{-1}$. 定理 4.1 を用いて, (6.12) 式に $a = n/2$, $b = m/2$, $|dy/dz| = |(-1)(b/a)(1+bz/a)^{-2}|$ を代入すれば (7.10) 式が導ける.

章末問題 8

1. 1) 時刻 $(0,t]$ と $(t, t+\Delta t]$ に分類して考えればよい.
2) 1) 式で $p_k(t)$ を左辺に移項し, Δt で割って $\Delta t \to 0$ とせよ.
3) 2) の両辺に z^k を掛けて和をとればわかる.
4) 微分方程式と考えて $Q(t) = ce^{\lambda(z-1)t}$ を導き, $c = Q(0) = p_0(0) = 1$ とせよ.
5) $Q(t)$ の定義と 4) の結果より, z^k の係数を比較せよ.

章末問題 9

1. 1) 帰無仮説 $H_0 : P = \frac{1}{6}$「サイコロは (1 の目の出方に関して) 普通」
対立仮説 $H_1 : P \neq \frac{1}{6}$「サイコロは (1 の目の出方に関して) 普通でない」
2) 第 1 種の誤り：真実は $P = \frac{1}{6}$ なのに, $P \neq \frac{1}{6}$ と判断する誤り
第 2 種の誤り：真実は $P \neq \frac{1}{6}$ なのに, $P = \frac{1}{6}$ と判断する誤り
3) 有意水準は, $P = \frac{1}{6}$ のときの 1 の目が 0 回の確率で, $\alpha = \left(\frac{5}{6}\right)^5 = \frac{3125}{7776}$ である.
検出力は, $P \neq \frac{1}{6}$ のときの 1 の目が 0 回の確率で, $1 - \beta = (1-P)^5$ である.

2. 1) 帰無仮説は, 相手が真面目な人 (遅刻しない人). 対立仮説は, 相手が不真面目な人 (遅刻する人).
2) 第 1 種の誤りは, 真面目な人なのに (偶然 3 回以上遅刻して) 不真面目だと判断する誤り. 第 2 種の誤りは, 不真面目な人なのに (たまたま遅刻が 2 回以内で) 真面目だと判断する誤り.
3) 有意水準は, 真面目な人を不真面目であると判断する確率. 検出力は, 不真面目な人を不真面目であると判断する確率.
4) 棄却域は, 不真面目だと判断するデータの範囲で, 今の場合は 3 回以上.

章末問題 10

1. まず, 6 回は必ず棄却する. 次に, これに近い 5 回のとき, 確率 q で棄却すると考える. 有意水準は, $\alpha = \frac{1}{64} + q \times \frac{6}{64} = 0.05$ としたい. よって, $q = \frac{3.2-1}{6} = \frac{11}{30}$ となる. このとき検出力は $1 - \beta = P^6 + \frac{11}{30} \times 6(1-P)P^5$ とわかる.

章末問題 11

1. 対立仮説の下での検定統計量は, (11.5) 式より以下のように変形できる.
$$u_0 = \frac{\overline{X} - \mu_0}{\sqrt{\sigma_0^2/n}} = u + \sqrt{n}\lambda \sim N(\sqrt{n}\lambda, 1)$$
棄却域 $R : u_0 \geq 1.645$ ゆえ, $\lambda = 1$ のときの検出力 $1 - \beta$ は次のようになる.

$$0.90 = 1 - \beta = P(u_0 \geq 1.645) = P(u_0 - \sqrt{n} \geq 1.645 - \sqrt{n})$$

つまり，$-1.282 = 1.645 - \sqrt{n}$ であればよい．このとき，$n = (1.645 + 1.282)^2 = 8.56 \to 9$ より，9 以上とわかる．

章末問題 12

1. $X \sim \chi^2(k)$ のとき，$E(X) = k$，$Var(X) = 2k$ である．

一方，$X_i = S_i/\sigma_i^2 \sim \chi^2(\phi_i)$ とおくと，$V_i/n_i = X_i \times \{\sigma_i^2/(\phi_i n_i)\}$ と表せる．これらのことから，V^*，cX の母平均と母分散を計算すると，cd，$2c^2 d$ となり，d は母平均の式の 2 乗を母分散の式で割ることで導かれる．

2. $S_i/\sigma^2 \sim \chi^2(\phi_i)$ より，$E(S_i/\sigma^2) = 2\phi_i$ などを利用すると，$Var(B) - Var(A) = \frac{2\sigma^4(n_1\phi_2 - n_2\phi_1)^2}{n_1^2 n_2^2 \phi_1 \phi_2(\phi_1+\phi_2)} \geq 0$.

章末問題 13

1. まず $x = n$ の場合，$P(X = n) = p^n$ と $B(n,1) = \Gamma(n)\Gamma(1)/\Gamma(n+1) = 1/n$ から導く．次に，$1 \leq x \leq n-1$ のとき，右辺を部分積分することで，$P(X = x) = P(X \geq x) - P(X \geq x+1)$ と併せて結論を得る．

2. 定理 13.1 の右辺は，ベータ分布 $Be(x, n-x+1)$ に従う確率変数を Y としたとき，$P(Y \leq p)$ と表すことができる．

比率 P の下限 P_L は，$Y \sim Be(x, n-x+1)$ における $P(Y \leq P_L) = 0.025$ を満たす．よって，$F(2(n-x+1), 2x)$ 分布の上側 2.5% 点から求められる（章末問題 7 の 7 番参照）．また，上側限界 P_U は，$P(X \leq x) = 0.025$ ゆえ，$P(X \geq x+1) = 0.975$ として，同様に求められる．

3. まず $k = 1$ のとき，$P(X \geq 1) = 1 - e^{-\lambda}$ となる．次に，右辺を部分積分して，$P(X \geq k) - P(X \geq k+1) = P(X = k) = e^{-\lambda}\frac{\lambda^k}{k!}$ からわかる．

4. 右辺 $= t^2 \frac{P(1-P)}{m} + (1-t)^2 \frac{P(1-P)}{n}$ の最小値は $t = \frac{m}{m+n}$ で起こり，左辺だから．

5. まず，$x_{11} - t_{11} = -(x_{12} - t_{12}) = -(x_{21} - t_{21}) = x_{22} - t_{22} = (x_{11}x_{22} - x_{12}x_{21})/T$ である．一方，u_0 の分子 $p_A - p_B = \frac{x_{11}}{x_{11}+x_{12}} - \frac{x_{21}}{x_{21}+x_{22}} = (x_{11}x_{22} - x_{12}x_{21})/(T_{1\bullet}T_{2\bullet})$ などから，以下が導かれる．

$$\chi_0^2 = u_0^2 = (x_{11}x_{22} - x_{12}x_{21})^2 N/(T_{1\bullet}T_{2\bullet}T_{\bullet 1}T_{\bullet 2})$$

6. $\chi_0^2 = 7.14 > 5.99 = \chi^2(2, 0.05)$ より，有意水準 5% で違いがある．

章末問題 14

1. 1) $\boldsymbol{y} = A\boldsymbol{z}$ と表したとき，係数行列 A は行同士が直交して長さが 1 である．このとき，$A^{-1} = A^T$ (A の転置行列) ゆえ，$\boldsymbol{z} = A^T \boldsymbol{y}$ となる．そこで，ヤコビアン $J = det(A^T)$ で $AA^T = I$ より $J = \pm 1$ とわかる．また，$y_1^2 + \cdots + y_9^2 = z_{11}^2 + \cdots + z_{33}^2$ もわかる．

2) $S_A/(3\sigma^2) = \sum_{i=1}^{3}(\overline{z}_i - \overline{\overline{z}})^2 = (\overline{z}_1 - \overline{z}_2)^2/2 + (\overline{z}_1 + \overline{z}_2 - 2\overline{z}_3)^2/6$ よりわかる.

3) $\sum_{j=1}^{3}(z_{ij} - \overline{z}_i)^2 = (z_{i1} - z_{i2})^2/2 + (z_{i1} + z_{i2} - 2z_{i3})^2/6$ よりわかる.

4) 1) ～ 3) よりわかる.

章末問題 15

1. 2次元正規分布に従う (X,Y) における条件付分布は, $U = (X - \mu_x)/\sigma_x$, $V = (Y - \mu_y)/\sigma_y$ と置いた時の $V|U = u \sim N(\rho u, 1 - \rho^2)$ であることから, $Y|X = x \sim N(\mu_y + \rho\sigma_y(x - \mu_x)/\sigma_x, \sigma_y^2(1 - \rho^2))$ だとわかる. そこで, $X_1 = x_1, \cdots, X_n = x_n$ の条件付きの $(Y_1, \cdots, Y_n)$ の分布は, 次のようになり, 直線性の仮定を満たす.

$$Y_i|X_i = x_i \sim N(\mu_y + \rho\frac{\sigma_y}{\sigma_x}(x_i - \mu_x), \sigma_y^2(1 - \rho^2))$$

2. (15.6) 式より $\widehat{y}_i - \overline{y} = \widehat{\beta}_1(x_i - \overline{x})$ である. よって, $\sum_{i=1}^{n}(y_i - \widehat{y}_i)(\widehat{y}_i - \overline{y}) = \sum_{i=1}^{n}\{(y_i - \overline{y}) - \widehat{\beta}_1(x_i - \overline{x})\}\{\widehat{\beta}_1(x_i - \overline{x})\} = \widehat{\beta}_1[S_{xy} - \widehat{\beta}_1 S_{xx}] = 0$ よりわかる.

3. (15.6) 式より $\widehat{y}_i - \overline{y} = \widehat{\beta}_1(x_i - \overline{x})$ である. よって, $S_R = \widehat{\beta}_1^2 S_{xx}$ よりわかる.

4. 1行目に $(1, 1, \cdots, 1)$, 2行目に $(x_1 - \overline{x}, \cdots, x_n - \overline{x})$ を長さで割った直交行列を作れば示せる.

5. $t_0^2 = \left(\frac{\widehat{\beta}_1 - \beta_{10}}{\sqrt{V_e/S_{xx}}}\right)^2 = \left(\frac{S_{xy}/S_{xx} - 0}{\sqrt{V_e/S_{xx}}}\right)^2 = \frac{S_{xy}^2/S_{xx}}{V_e} = \frac{V_R}{V_e} = F_0$

章末問題 16

1. **回答例**: 母集団として, 数理統計の目的を考えるとき, 試験の合格を設定した方はいませんか? （例えば, 品質管理の分野では, 目標は具体的に検証可能な数値目標を設定します）

ただ, ここは学問の府ですから, 志を高く, 学問の本質の理解を目指しましょう.

このときのデータは, 日々の学習かな. 予習復習はもちろんのこと, 講義内演習問題などは, ぜひ, 自力で解いて, 疑問点は, その日のうちに教員に質問して解決することが近道だと思います.

仮に, 帰無仮説は「本質がわからないこと」, 対立仮説は「理解すること」とします. ここで, 判定を期末試験で行うことを例に, 2つの誤りを考えてみます. 第1種の誤りは, わかっていないのに合格することで, 試験が表面的な手続きばかりに終始したのかも. 第2種の誤りは, 少し深刻です. ちゃんと理解したのに, 枝葉の問題ばかりで, 計算間違いをヒドク咎められて, わかっているのに不合格となることです. 教員の責任は重大ですネ.

記号一覧表（登場順）

ギリシャ文字（一部）
  小文字：α：アルファ　β：ベータ　γ：ガンマ　δ：デルタ　ε：イプシロン
　　　　ζ：ツエータ　λ：ラムダ　μ：ミュー　π：パイ　ρ：ロー　σ：シグマ
　　　　ϕ：ファイ　χ：カイ
  大文字：Γ：ガンマ　Σ：シグマ　Φ：ファイ　Ω：オメガ

第1章
　n：標本の大きさ　$\bar{x}$：標本平均　$\tilde{x}$：中央値　S：平方和　V：分散　s：標準偏差
　R：範囲　x_{max}：最大値　x_{min}：最小値　CV：変動係数　$\sqrt{b_1}$：歪度　b_2：尖度

第2章
　ϕ：空事象　$\cup$：和事象　$\cap$：共通部分　$P(\ )$：確率　$P(A|B)$：条件付確率
　p_i：確率関数　$E\{h(X)\}$：期待値　$\mu, E(X)$：母平均　$\sigma^2, Var(X)$：母分散
　σ：母標準偏差

第3章
　S_{xx}：xの平方和　S_{xy}：偏差積和　s_{xy}：標本共分散　r：標本相関係数　$\hat{a}$：推定値
　$\hat{y_i}$：予測値　e_i：残差　p_{ij}：同時確率関数　$p_{i\bullet}, p_{\bullet j}$：周辺確率関数　$X \perp\!\!\!\perp Y$：独立
　$E\{h(X,Y)\}$：期待値　$Cov(X,Y)$：母共分散　$\rho, \rho(X,Y)$：母相関係数
　$\perp\!\!\!\perp (X_1, \cdots, X_n)$：互いに独立

第4章
　$f(x)$：密度関数　$F(x)$：分布関数　$f(x)dx$：カクリツ　$\exp$：指数関数
　$N(\mu, \sigma^2)$：正規分布　$N(0,1)$：標準正規分布　$u(\alpha)$：$N(0,1)$の上側$100\alpha\%$点
　$U(a,b)$：一様分布　$Ex(\lambda)$：指数分布　$H(t)$：ハザード関数
　$f(x,y)$：同時密度関数　$f_1(x), f_2(y)$：周辺密度関数

第5章
　$M_X(t)$：積率母関数　$E(X^r)$：積率　$B(n,p)$：二項分布　$Po(\lambda)$：ポアソン分布
　$M_3(n; p_1, p_2, p_3)$：3項分布　$M_k(n; p_1, \cdots, p_k)$：多項分布
　$N(\mu_x, \mu_y; \sigma_x^2, \sigma_y^2, \rho)$：2次元正規分布

第6章
　J：ヤコビアン　$det(A)$：Aの行列式　$\Gamma(\alpha)$：ガンマ関数　$Ga(\alpha, \beta)$：ガンマ分布
　$\phi(y)$：$N(0,1)$の密度関数　$\Phi(t)$：$N(0,1)$の分布関数

第7章
　$\chi^2(k)$：カイ二乗分布　$t(k)$：t分布　$F(k_1, k_2)$：F分布　$\sim$：従う
　$\chi^2(k, \alpha)$：χ^2分布の上側$100\alpha\%$点　$t(k, \alpha)$：t分布の上側$100\alpha\%$点

$F(k_1, k_2; \alpha)$:F 分布の上側 $100\alpha\%$ 点

第 9 章
H_0:帰無仮説　　H_1:対立仮説　　R:棄却域　　α:有意水準　　$1-\beta$:検出力

第 11 章
$\widehat{\mu}, \widehat{\theta}$:推定量　　u_0, t_0, χ_0^2:検定統計量　　σ_0^2, μ_0:既知の値（従来の値）

第 12 章
μ_i, σ_i^2:第 i 群の母平均と母分散　　n_i, ϕ_i:第 i 群のデータ数と自由度
$\overline{X}_i, S_i, V_i$:第 i 群の標本平均　平方和　標本分散

第 13 章
$\widehat{P}$:推定量　　p:標本比率　　P_0:既知の値（従来の値）　　P_L:信頼下限　　P_U:信頼上限
$\overline{p}$:併合比率　　$L(P)$:ロジット変換　　x_{ij}:観測度数　　t_{ij}:期待度数
$T_{i\bullet}$:度数の行和　　$T_{\bullet j}$:度数の列和　　T:総度数　　e_{ij}:残差　　e'_{ij}:基準化残差

第 14 章
T_i:第 i 群の和　　S_A, S_E, S_T:要因　誤差　総平方和　　ϕ_A, ϕ_E, ϕ_T:自由度
V_A, V_E:要因　誤差の平均平方　　F_0:検定統計量

第 15 章
ρ_0:既知の値（従来の値）　　$Z(t)$:Z 変換　　β_0, β_1:回帰係数　　β_1:偏回帰係数
$\widehat{y}_i$:予測値　　e_i:残差　　S_R, S_e:回帰　残差平方和　　ϕ_R, ϕ_e:回帰　残差自由度

付表：上側確率表

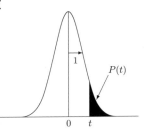

付表1　標準正規分布表

t	0.00	0.01	0.02	0.03	0.04	0.05	0.06	0.07	0.08	0.09
0.0	.5000	.4960	.4920	.4880	.4840	.4801	.4761	.4721	.4681	.4641
0.1	.4602	.4562	.4522	.4483	.4443	.4404	.4364	.4325	.4286	.4247
0.2	.4207	.4168	.4129	.4090	.4052	.4013	.3974	.3936	.3897	.3859
0.3	.3821	.3783	.3745	.3707	.3669	.3632	.3594	.3557	.3520	.3483
0.4	.3446	.3409	.3372	.3336	.3300	.3264	.3228	.3192	.3156	.3121
0.5	.3085	.3050	.3015	.2981	.2946	.2912	.2877	.2843	.2810	.2776
0.6	.2743	.2709	.2676	.2643	.2611	.2578	.2546	.2514	.2483	.2451
0.7	.2420	.2389	.2358	.2327	.2296	.2266	.2236	.2206	.2177	.2148
0.8	.2119	.2090	.2061	.2033	.2005	.1977	.1949	.1922	.1894	.1867
0.9	.1841	.1814	.1788	.1762	.1736	.1711	.1685	.1660	.1635	.1611
1.0	.1587	.1562	.1539	.1515	.1492	.1469	.1446	.1423	.1401	.1379
1.1	.1357	.1335	.1314	.1292	.1271	.1251	.1230	.1210	.1190	.1170
1.2	.1151	.1131	.1112	.1093	.1075	.1056	.1038	.1020	.1003	.0985
1.3	.0968	.0951	.0934	.0918	.0901	.0885	.0869	.0853	.0838	.0823
1.4	.0808	.0793	.0778	.0764	.0749	.0735	.0721	.0708	.0694	.0681
1.5	.0668	.0655	.0643	.0630	.0618	.0606	.0594	.0582	.0571	.0559
1.6	.0548	.0537	.0526	.0516	**.0505**	**.0495**	.0485	.0475	.0465	.0455
1.7	.0446	.0436	.0427	.0418	.0409	.0401	.0392	.0384	.0375	.0367
1.8	.0359	.0351	.0344	.0336	.0329	.0322	.0314	.0307	.0301	.0294
1.9	.0287	.0281	.0274	.0268	.0262	.0256	**.0250**	.0244	.0239	.0233
2.0	.0228	.0222	.0217	.0212	.0207	.0202	.0197	.0192	.0188	.0183
2.1	.0179	.0174	.0170	.0166	.0162	.0158	.0154	.0150	.0146	.0143
2.2	.0139	.0136	.0132	.0129	.0125	.0122	.0119	.0116	.0113	.0110
2.3	.0107	.0104	.0102	.0099	.0096	.0094	.0091	.0089	.0087	.0084
2.4	.0082	.0080	.0078	.0075	.0073	.0071	.0069	.0068	.0066	.0064
2.5	.0062	.0060	.0059	.0057	.0055	.0054	.0052	.0051	.0049	.0048
2.6	.0047	.0045	.0044	.0043	.0041	.0040	.0039	.0038	.0037	.0036
2.7	.0035	.0034	.0033	.0032	.0031	.0030	.0029	.0028	.0027	.0026
2.8	.0026	.0025	.0024	.0023	.0023	.0022	.0021	.0021	.0020	.0019
2.9	.0019	.0018	.0018	.0017	.0016	.0016	.0015	.0015	.0014	.0014
3.0	.0013	.0013	.0013	.0012	.0012	.0011	.0011	.0011	.0010	.0010
3.1	.0010	.0009	.0009	.0009	.0008	.0008	.0008	.0008	.0007	.0007
3.2	.0007	.0007	.0006	.0006	.0006	.0006	.0006	.0005	.0005	.0005
3.3	.0005	.0005	.0005	.0004	.0004	.0004	.0004	.0004	.0004	.0003

例1． $t = 1.00$ のとき，上側確率は $P(1.00) = 0.1587$ である．

例2． $t = 1.96$ のとき，上側確率は $P(1.96) = 0.0250$ で，上側 2.5% 点は $u(0.025) = 1.960$ である．

例3． $t = 1.645$ のとき，上側確率は $P(1.645) = 0.050$ で，上側 5% 点は $u(0.05) = 1.645$ である．

付表：上側確率表

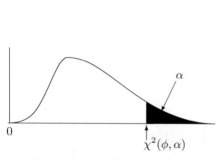

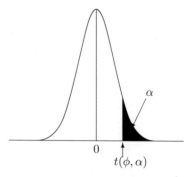

付表2　χ^2 分布表

$\phi \backslash \alpha$	0.975	0.95	0.05	0.025
1	0.001	0.004	3.84	5.02
2	0.051	0.103	5.99	7.38
3	0.216	0.352	7.81	9.35
4	0.484	0.711	9.49	11.14
5	0.831	1.145	11.07	12.83
6	1.237	1.635	12.59	14.45
7	1.690	2.17	14.07	16.01
8	2.18	2.73	15.51	17.53
9	2.70	3.33	16.92	19.02
10	3.25	3.94	18.31	20.5
11	3.82	4.57	19.68	21.9
12	4.40	5.23	21.0	23.3
13	5.01	5.89	22.4	24.7
14	5.63	6.57	23.7	26.1
15	6.26	7.26	25.0	27.5
16	6.91	7.96	26.3	28.8
17	7.56	8.67	27.6	30.2
18	8.23	9.39	28.9	31.5
19	8.91	10.12	30.1	32.9
20	9.59	10.85	31.4	34.2
21	10.28	11.59	32.7	35.5
22	10.98	12.34	33.9	36.8
23	11.69	13.09	35.2	38.1
24	12.40	13.85	36.4	39.4
25	13.12	14.61	37.7	40.6
26	13.84	15.38	38.9	41.9
27	14.57	16.15	40.1	43.2
28	15.31	16.93	41.3	44.5
29	16.05	17.71	42.6	45.7
30	16.79	18.49	43.8	47.0
40	24.4	26.5	55.8	59.3
60	40.5	43.2	79.1	83.3
120	91.6	95.7	146.6	152.2
240	199.0	205.1	277.1	284.8

例1 $\phi = 7$ のとき $\chi^2(7, 0.05) = 14.07$

例2 $\phi = 7$ のとき $\chi^2(7, 0.95) = 2.17$

付表3　t 分布表

$\phi \backslash \alpha$	0.05	0.025
1	6.314	12.71
2	2.920	4.303
3	2.353	3.182
4	2.132	2.776
5	2.015	2.571
6	1.943	2.447
7	1.895	2.365
8	1.860	2.306
9	1.833	2.262
10	1.812	2.228
11	1.796	2.201
12	1.782	2.179
13	1.771	2.160
14	1.761	2.145
15	1.753	2.131
16	1.746	2.120
17	1.740	2.110
18	1.734	2.101
19	1.729	2.093
20	1.725	2.086
21	1.721	2.080
22	1.717	2.074
23	1.714	2.069
24	1.711	2.064
25	1.708	2.060
26	1.706	2.056
27	1.703	2.052
28	1.701	2.048
29	1.699	2.045
30	1.697	2.042
40	1.684	2.021
60	1.671	2.000
120	1.658	1.980
240	1.651	1.970
∞	1.645	1.960

例1 $\phi = 5$ のとき $t(5, 0.05) = 2.015$

例2 $\phi = 5$ のとき $t(5, 0.025) = 2.571$

付表 4.1 F分布表（上側 5% 点） $F(\phi_1, \phi_2; 0.05)$

$\phi_2 \backslash \phi_1$	1	2	3	4	5	6	7	8	9	10	12	15	20	24	30	40	60	120	∞
1	161	200	216	225	230	234	237	239	241	242	244	246	248	249	250	251	252	253	254
2	18.5	19.0	19.2	19.2	19.3	19.3	19.4	19.4	19.4	19.4	19.4	19.4	19.4	19.5	19.5	19.5	19.5	19.5	19.5
3	10.1	9.55	9.28	9.12	9.01	8.94	8.89	8.85	8.81	8.79	8.74	8.70	8.66	8.64	8.62	8.59	8.57	8.55	8.53
4	7.71	6.94	6.59	6.39	6.26	6.16	6.09	6.04	6.00	5.96	5.91	5.86	5.80	5.77	5.75	5.72	5.69	5.66	5.63
5	6.61	5.79	5.41	5.19	5.05	4.95	4.88	4.82	4.77	4.74	4.68	4.62	4.56	4.53	4.50	4.46	4.43	4.40	4.36
6	5.99	5.14	4.76	4.53	4.39	4.28	4.21	4.15	4.10	4.06	4.00	3.94	3.87	3.84	3.81	3.77	3.74	3.70	3.67
7	5.59	4.74	4.35	4.12	3.97	3.87	3.79	3.73	3.68	3.64	3.57	3.51	3.44	3.41	3.38	3.34	3.30	3.27	3.23
8	5.32	4.46	4.07	3.84	3.69	3.58	3.50	3.44	3.39	3.35	3.28	3.22	3.15	3.12	3.08	3.04	3.01	2.97	2.93
9	5.12	4.26	3.86	3.63	3.48	3.37	3.29	3.23	3.18	3.14	3.07	3.01	2.94	2.90	2.86	2.83	2.79	2.75	2.71
10	4.96	4.10	3.71	3.48	3.33	3.22	3.14	3.07	3.02	2.98	2.91	2.85	2.77	2.74	2.70	2.66	2.62	2.58	2.54
11	4.84	3.98	3.59	3.36	3.20	3.09	3.01	2.95	2.90	2.85	2.79	2.72	2.65	2.61	2.57	2.53	2.49	2.45	2.40
12	4.75	3.89	3.49	3.26	3.11	3.00	2.91	2.85	2.80	2.75	2.69	2.62	2.54	2.51	2.47	2.43	2.38	2.34	2.30
13	4.67	3.81	3.41	3.18	3.03	2.92	2.83	2.77	2.71	2.67	2.60	2.53	2.46	2.42	2.38	2.34	2.30	2.25	2.21
14	4.60	3.74	3.34	3.11	2.96	2.85	2.76	2.70	2.65	2.60	2.53	2.46	2.39	2.35	2.31	2.27	2.22	2.18	2.13
15	4.54	3.68	3.29	3.06	2.90	2.79	2.71	2.64	2.59	2.54	2.48	2.40	2.33	2.29	2.25	2.20	2.16	2.11	2.07
16	4.49	3.63	3.24	3.01	2.85	2.74	2.66	2.59	2.54	2.49	2.42	2.35	2.28	2.24	2.19	2.15	2.11	2.06	2.01
17	4.45	3.59	3.20	2.96	2.81	2.70	2.61	2.55	2.49	2.45	2.38	2.31	2.23	2.19	2.15	2.10	2.06	2.01	1.96
18	4.41	3.55	3.16	2.93	2.77	2.66	2.58	2.51	2.46	2.41	2.34	2.27	2.19	2.15	2.11	2.06	2.02	1.97	1.92
19	4.38	3.52	3.13	2.90	2.74	2.63	2.54	2.48	2.42	2.38	2.31	2.23	2.16	2.11	2.07	2.03	1.98	1.93	1.88
20	4.35	3.49	3.10	2.87	2.71	2.60	2.51	2.45	2.39	2.35	2.28	2.20	2.12	2.08	2.04	1.99	1.95	1.90	1.84
21	4.32	3.47	3.07	2.84	2.68	2.57	2.49	2.42	2.37	2.32	2.25	2.18	2.10	2.05	2.01	1.96	1.92	1.87	1.81
22	4.30	3.44	3.05	2.82	2.66	2.55	2.46	2.40	2.34	2.30	2.23	2.15	2.07	2.03	1.98	1.94	1.89	1.84	1.78
23	4.28	3.42	3.03	2.80	2.64	2.53	2.44	2.37	2.32	2.27	2.20	2.13	2.05	2.01	1.96	1.91	1.86	1.81	1.76
24	4.26	3.40	3.01	2.78	2.62	2.51	2.42	2.36	2.30	2.25	2.18	2.11	2.03	1.98	1.94	1.89	1.84	1.79	1.73
25	4.24	3.39	2.99	2.76	2.60	2.49	2.40	2.34	2.28	2.24	2.16	2.09	2.01	1.96	1.92	1.87	1.82	1.77	1.71
26	4.23	3.37	2.98	2.74	2.59	2.47	2.39	2.32	2.27	2.22	2.15	2.07	1.99	1.95	1.90	1.85	1.80	1.75	1.69
27	4.21	3.35	2.96	2.73	2.57	2.46	2.37	2.31	2.25	2.20	2.13	2.06	1.97	1.93	1.88	1.84	1.79	1.73	1.67
28	4.20	3.34	2.95	2.71	2.56	2.45	2.36	2.29	2.24	2.19	2.12	2.04	1.96	1.91	1.87	1.82	1.77	1.71	1.65
29	4.18	3.33	2.93	2.70	2.55	2.43	2.35	2.28	2.22	2.18	2.10	2.03	1.94	1.90	1.85	1.81	1.75	1.70	1.64
30	4.17	3.32	2.92	2.69	2.53	2.42	2.33	2.27	2.21	2.16	2.09	2.01	1.93	1.89	1.84	1.79	1.74	1.68	1.62
40	4.08	3.23	2.84	2.61	2.45	2.34	2.25	2.18	2.12	2.08	2.00	1.92	1.84	1.79	1.74	1.69	1.64	1.58	1.51
60	4.00	3.15	2.76	2.53	2.37	2.25	2.17	2.10	2.04	1.99	1.92	1.84	1.75	1.70	1.65	1.59	1.53	1.47	1.39
120	3.92	3.07	2.68	2.45	2.29	2.18	2.09	2.02	1.96	1.91	1.83	1.75	1.66	1.61	1.55	1.50	1.43	1.35	1.25
∞	3.84	3.00	2.60	2.37	2.21	2.10	2.01	1.94	1.88	1.83	1.75	1.67	1.57	1.52	1.46	1.39	1.32	1.22	1.00

例1. $\phi_1 = 9, \phi_2 = 10$ のとき，$F(9, 10; 0.05) = 3.02$ である．
例2. $\phi_1 = 9, \phi_2 = 10$ のとき，$F(9, 10; 0.95) = 1/F(10, 9; 0.05) = 1/3.14 = 0.318$ である．

付表 4.2 F 分布表（上側 2.5% 点） $F(\phi_1, \phi_2; 0.025)$

$\phi_2 \backslash \phi_1$	1	2	3	4	5	6	7	8	9	10	12	15	20	24	30	40	60	120	∞
1	648	800	864	900	922	937	948	957	963	969	977	985	993	997	1001	1006	1010	1014	1018
2	38.5	39.0	39.2	39.2	39.3	39.3	39.4	39.4	39.4	39.4	39.4	39.4	39.4	39.5	39.5	39.5	39.5	39.5	39.5
3	17.4	16.0	15.4	15.1	14.9	14.7	14.6	14.5	14.5	14.4	14.3	14.3	14.2	14.1	14.1	14.0	14.0	13.9	13.9
4	12.2	10.6	9.98	9.60	9.36	9.20	9.07	8.98	8.90	8.84	8.75	8.66	8.56	8.51	8.46	8.41	8.36	8.31	8.26
5	10.0	8.43	7.76	7.39	7.15	6.98	6.85	6.76	6.68	6.62	6.52	6.43	6.33	6.28	6.23	6.18	6.12	6.07	6.02
6	8.81	7.26	6.60	6.23	5.99	5.82	5.70	5.60	5.52	5.46	5.37	5.27	5.17	5.12	5.07	5.01	4.96	4.90	4.85
7	8.07	6.54	5.89	5.52	5.29	5.12	4.99	4.90	4.82	4.76	4.67	4.57	4.47	4.41	4.36	4.31	4.25	4.20	4.14
8	7.57	6.06	5.42	5.05	4.82	4.65	4.53	4.43	4.36	4.30	4.20	4.10	4.00	3.95	3.89	3.84	3.78	3.73	3.67
9	7.21	5.71	5.08	4.72	4.48	4.32	4.20	4.10	4.03	3.96	3.87	3.77	3.67	3.61	3.56	3.51	3.45	3.39	3.33
10	6.94	5.46	4.83	4.47	4.24	4.07	3.95	3.85	3.78	3.72	3.62	3.52	3.42	3.37	3.31	3.26	3.20	3.14	3.08
11	6.72	5.26	4.63	4.28	4.04	3.88	3.76	3.66	3.59	3.53	3.43	3.33	3.23	3.17	3.12	3.06	3.00	2.94	2.88
12	6.55	5.10	4.47	4.12	3.89	3.73	3.61	3.51	3.44	3.37	3.28	3.18	3.07	3.02	2.96	2.91	2.85	2.79	2.72
13	6.41	4.97	4.35	4.00	3.77	3.60	3.48	3.39	3.31	3.25	3.15	3.05	2.95	2.89	2.84	2.78	2.72	2.66	2.60
14	6.30	4.86	4.24	3.89	3.66	3.50	3.38	3.29	3.21	3.15	3.05	2.95	2.84	2.79	2.73	2.67	2.61	2.55	2.49
15	6.20	4.77	4.15	3.80	3.58	3.41	3.29	3.20	3.12	3.06	2.96	2.86	2.76	2.70	2.64	2.59	2.52	2.46	2.40
16	6.12	4.69	4.08	3.73	3.50	3.34	3.22	3.12	3.05	2.99	2.89	2.79	2.68	2.63	2.57	2.51	2.45	2.38	2.32
17	6.04	4.62	4.01	3.66	3.44	3.28	3.16	3.06	2.98	2.92	2.82	2.72	2.62	2.56	2.50	2.44	2.38	2.32	2.25
18	5.98	4.56	3.95	3.61	3.38	3.22	3.10	3.01	2.93	2.87	2.77	2.67	2.56	2.50	2.44	2.38	2.32	2.26	2.19
19	5.92	4.51	3.90	3.56	3.33	3.17	3.05	2.96	2.88	2.82	2.72	2.62	2.51	2.45	2.39	2.33	2.27	2.20	2.13
20	5.87	4.46	3.86	3.51	3.29	3.13	3.01	2.91	2.84	2.77	2.68	2.57	2.46	2.41	2.35	2.29	2.22	2.16	2.09
21	5.83	4.42	3.82	3.48	3.25	3.09	2.97	2.87	2.80	2.73	2.64	2.53	2.42	2.37	2.31	2.25	2.18	2.11	2.04
22	5.79	4.38	3.78	3.44	3.22	3.05	2.93	2.84	2.76	2.70	2.60	2.50	2.39	2.33	2.27	2.21	2.14	2.08	2.00
23	5.75	4.35	3.75	3.41	3.18	3.02	2.90	2.81	2.73	2.67	2.57	2.47	2.36	2.30	2.24	2.18	2.11	2.04	1.97
24	5.72	4.32	3.72	3.38	3.15	2.99	2.87	2.78	2.70	2.64	2.54	2.44	2.33	2.27	2.21	2.15	2.08	2.01	1.94
25	5.69	4.29	3.69	3.35	3.13	2.97	2.85	2.75	2.68	2.61	2.51	2.41	2.30	2.24	2.18	2.12	2.05	1.98	1.91
26	5.66	4.27	3.67	3.33	3.10	2.94	2.82	2.73	2.65	2.59	2.49	2.39	2.28	2.22	2.16	2.09	2.03	1.95	1.88
27	5.63	4.24	3.65	3.31	3.08	2.92	2.80	2.71	2.63	2.57	2.47	2.36	2.25	2.19	2.13	2.07	2.00	1.93	1.85
28	5.61	4.22	3.63	3.29	3.06	2.90	2.78	2.69	2.61	2.55	2.45	2.34	2.23	2.17	2.11	2.05	1.98	1.91	1.83
29	5.59	4.20	3.61	3.27	3.04	2.88	2.76	2.67	2.59	2.53	2.43	2.32	2.21	2.15	2.09	2.03	1.96	1.89	1.81
30	5.57	4.18	3.59	3.25	3.03	2.87	2.75	2.65	2.57	2.51	2.41	2.31	2.20	2.14	2.07	2.01	1.94	1.87	1.79
40	5.42	4.05	3.46	3.13	2.90	2.74	2.62	2.53	2.45	2.39	2.29	2.18	2.07	2.01	1.94	1.88	1.80	1.72	1.64
60	5.29	3.93	3.34	3.01	2.79	2.63	2.51	2.41	2.33	2.27	2.17	2.06	1.94	1.88	1.82	1.74	1.67	1.58	1.48
120	5.15	3.80	3.23	2.89	2.67	2.52	2.39	2.30	2.22	2.16	2.05	1.94	1.82	1.76	1.69	1.61	1.53	1.43	1.31
∞	5.02	3.69	3.12	2.79	2.57	2.41	2.29	2.19	2.11	2.05	1.94	1.83	1.71	1.64	1.57	1.48	1.39	1.27	1.00

例 1. $\phi_1 = 9$, $\phi_2 = 10$ のとき, $F(9, 10; 0.025) = 3.78$ である.
例 2. $\phi_1 = 9$, $\phi_2 = 10$ のとき, $F(9, 10; 0.975) = 1/F(10, 9; 0.025) = 1/3.96 = 0.253$ である.

索　引

【英数記号】

1 標本に関する分布　59
1 標本の標本平均と母平均の関係　59
2 群比較　99
2 次元正規分布　48
2 次元データ　20
2 標本の標本分散と母分散の関係　60
3 項分布　44
F 検定　101
F 分布　58
r 次の積率　38
Type I FWE　122
t 検定　99
t 分布　58
Welch の検定　99
Z 変換　135
χ^2 分布　58

【あ　行】

アンバランスケース　129
異常値　5
一様分布　33
上側 $100\alpha\%$ 点　62

【か　行】

回帰係数　138
回帰平方和　139
カイ二乗分布（χ^2 分布）　58
カクリツ（確率もどき）　31
確率　12
確率過程　68
確率分布　14
確率変数　14
　　——が互いに独立　22
確率母関数　69
確率密度関数　30
確率もどき（カクリツ）　31
仮説検定　72
片側検定　80
偏り（かたより）　1, 2
観測度数　120
ガンマ関数　51
ガンマ分布　52
棄却域　73
棄却限界値　80
危険率　74
基準化残差　122
期待値　16
期待度数　121
帰無仮説　73
偽薬効果　103
共通部分　12
共分散　21
空事象　12
区間推定　87

繰り返しのある単回帰分析　146
群間変動　127
群内変動　127
計数値データ　3
計量値データ　3
検出力　74
検定統計量　89
検定の考え方　84
検定の最適性　83
コーシー分布　62
誤差自由度　128
誤差平方和　127

【さ　行】

最小二乗推定量　139
最小二乗法　138
再生性　61
最頻値　6
最尤推定量　87
左右対称な釣鐘型　67
残差　122
残差平方和　139
自己誘発過程　68
自己冷却過程　68
事象　12
指数分布　33
自由度 k の t 分布　58
自由度 k のカイ二乗分布　58
自由度対 (k_1, k_2) の F 分布　58
周辺確率関数　22
周辺密度関数　35

条件付確率　13
信頼下限　88
信頼区間　88
信頼上限　88
信頼率　88
正確な 95% 区間推定　114
正規確率プロット　145
正規近似　57
正規分布　32
　　——の再生性　50
制御　137
制御因子　138
積事象　12
積率　38
積率母関数　37, 38
説明変数　138
セル　120
全事象　12
全数調査　2
尖度　9
総自由度　128
総平方和　128
層別　5

【た　行】

大数の法則　54
第 1 種の誤り　74
第 2 種の誤り　74
第一自由度　58
第二自由度　58
対立仮説　73

互いに独立 14, 22, 26, 35
多項分布 44
多次元正規分布 50
多重比較法 122
チェビシェフの不等式 53
中央値 6
中心極限定理 54
データの分解 127
点過程 68
点推定 87
　──値 87
　──量 87
統計量 1
同時確率 22
　──関数 22
同時密度関数 35
等分散性の検定 101, 126
独立同一分布 27
度数 4

【な 行】

二項分布 39
　──の再生性 41
二重盲検 103

【は 行】

場合分けの原理 12
バイアス 2
排反な事象 12
外れ値 5

バランスケース 129
ヒストリカルコントロール 97
左片側検定 80
標示因子 138
標準化 9, 32
標準正規分布 32
標準偏差 8
標本 1, 45
　──調査 2
　──の大きさ 6
　──の実現値 46
標本共分散 21
標本相関係数 21
標本平均 6
　──と平方和の独立性 68
　──の分布 51
不偏推定量 87
不偏性 87
プラセボ効果 103
分位点 33, 62
分割表データ 120
分散安定化変換 135
分散の加法性 26, 36
分布関数 30
分布の再生性 41
分類データ 4
平均値 6
平均偏差 7
平方和の分解 128, 139
ベルヌーイ試行 38
偏回帰係数 138
偏差 7

偏差値　9
変数変換公式　31, 47
ベータ関数　53
ベータ分布　53
ポアソン過程　68
ポアソン分布　40
　——の再生性　42
母共分散　24, 35
母集団　1
母数　32, 33
母相関係数　24, 35
母標準偏差　17
母分散　17
母平均　16

【ま　行】

右片側検定　80
密度関数　30
無作為抽出　2
無作為標本　27
無相関の検定　136
目的変数　138

【や　行】

有意水準　74
要因自由度　128
要因平方和　127
予測　137
予測値　139

【ら　行】

ラプラスの定理　55
ランダマイズテスト　84
ランダムサンプリング　2
両側検定　80
連続確率変数　30
連続補正　58
ロジット変換　119

【わ　行】

歪度　9
和事象　12

●著者紹介

稲葉 太一（いなば たいち）

神戸大学　人間発達環境学研究科　数理情報環境論コース　准教授
1958年　生まれ
1982年　大阪大学基礎工学研究科博士前期課程修了　工学修士
1985年　名古屋大学工業数学講座　教務員
1988年　神戸大学教養部数学科　講師
1992年　神戸大学発達科学部　講師
2008年　神戸大学人間発達環境学研究科　准教授

【主な著書】
『品質管理検定受検テキスト１級〜４級』（共著，日科技連出版社）
『日本語マッカーサー乳幼児言語発達質問紙の開発と研究』
　　　　　　　　　　　　　　　　　　　（共著，ナカニシヤ出版）
『おはなし統計的方法』（共著，日本規格協会）

数理統計学入門

2016年11月19日　第1刷発行

著　者　稲葉　太一
発行人　田　中　　健
発行所　株式会社　日科技連出版社
　　　　〒 151-0051　東京都渋谷区千駄ヶ谷5-15-5
　　　　　　　　　　DSビル
　　　　電　話　出版　03-5379-1244
　　　　　　　　営業　03-5379-1238

検印省略

印刷・製本　東港出版印刷

Printed in Japan

Ⓒ Taichi Inaba 2016
ISBN978-4-8171-9584-5
URL http://www.juse-p.co.jp/

本書の全部または一部を無断で複写複製（コピー）することは，著作権法上での例外を除き，禁じられています。